SCHÄFERHUND

Erziehung und Training

WELPENERZIEHUNG UND HUNDETRAINING
FÜR DEN DEUTSCHEN SCHÄFERHUND – ALLES ÜBER
ERNÄHRUNG, WELPEN, PFLEGE, HUNDESPRACHE UVM.
– INKL. CLICKERTRAINING UND HUNDESPIELE

Michael Schulte

SCHÄFERHUND

Erziehung und Training

EULOGIA
VERLAG

Inhalt

1 Vorwort

Auf der ganzen Welt zählt der Deutsche Schäferhund zu den bekanntesten Hunderassen. Die loyalen und intelligenten Hunde haben mit ihrem Mut und dem liebenswerten Charakter als Diensthunde und Begleithunde die Herzen der Hundefreunde erobert. Ihre stark auf den Menschen bezogene Persönlichkeit und der ausgeglichene Charakter machen die Deutschen Schäferhunde zu den idealen Familienhunden.

Dabei hat sich im Laufe der Jahre auch der Deutsche Schäferhund durch die Zucht verändert. Ähnliche Rassen wie der Malinois, der Weiße Schäferhund, der Belgische Schäferhund oder der Osteuropäische Schäferhund sind nicht immer so familientauglich und beliebt wie der Deutsche Schäferhund.

Damit der Hund gemeinsam mit seiner Familie ein glückliches und langes gesundes Hundeleben führen kann, ist es wichtig, sich gut über seine Bedürfnisse zu informieren. Denn nur bei der richtigen Haltung und einer konsequenten Beziehung entwickelt sich der Deutsche Schäferhund zu einem tollen Begleithund und loyalen Kameraden, der immer für seine Familie einsteht.

Wird ein Deutscher Schäferhund vernachlässigt oder nicht richtig erzogen, kann das viele Probleme verursachen. Die Hunde entwickeln einen sehr starken Wachtrieb mit teilweise aggressivem Verhalten. Eventuell schlägt auf einmal auch ein Jagdinstinkt durch und andere Tiere werden als Beute betrachtet und gehetzt.

Mit dem Kauf dieses Buches erhalten Sie viele Informationen über die Haltung und die Erziehung eines Deutschen Schäferhundes. Sie vermeiden Fehler und können schon bei dem Welpen die Basis für einen selbstbewussten und gut erzogenen Begleithund legen.

Vom Kauf, über die Eingewöhnung in den neuen Haushalt bis zu Haltung und Erziehung: Alle Informationen sind in übersichtlich gestalteten Kapiteln verfügbar.

Kapitel über Erbkrankheiten und andere mögliche Erkrankungen unterstützen Sie dabei, auf die Gesundheit Ihres Hundes zu achten und immer rechtzeitig einen Tierarzt aufzusuchen. Mit Hausmitteln können Sie die Genesung Ihres Deutschen Schäferhundes bei leichten Erkrankungen unterstützen. Ein eigenes Kapitel über Vorsorge hilft Ihnen, den Hund bis ins hohe Alter gesund zu halten.

Der Erziehung des Deutschen Schäferhundes und dem Hundesport ist ein weiteres Kapitel des Buches gewidmet. Spiele und Vorschläge für alternative Beschäftigungsmöglichkeiten runden die Haltungstipps ab.

Wie Sie sehen, werden Sie durch die Haltung eines Deutschen Schäferhundes vor vielfältige Herausforderungen gestellt. Mithilfe von diesem Buch können Sie alle Anforderungen, die der Deutsche Schäferhund an Sie stellt, leicht bewältigen.

Ich bedanke mich bei Ihnen für den Kauf des Buches und wünsche Ihnen viel Spaß beim Lesen und beim Ausprobieren der Erziehungs- und Spieltipps. Sie sind mit diesem Buch auf dem besten Weg, ein Experte bzw. eine Expertin für die Hunderasse Deutscher Schäferhund zu werden.

2 Merkmale und Historie des Deutschen Schäferhundes

Der Deutsche Schäferhund ist auf der ganzen Welt bekannt. Die Hunderasse wird den beliebtesten Gebrauchshunden zugeordnet. Als Familienhund, Wachhund, Schutzhund oder Begleithund: Überall fügt sich der Deutsche Schäferhund perfekt ein. Der gutmütige Charakter und das nervenstarke Wesen können sich allerdings nur dann gut entwickeln, wenn der Deutsche Schäferhund gut sozialisiert und mit liebevoller Konsequenz erzogen wird.

Ein kurzer Steckbrief

Rasse: Deutscher Schäferhund

Gruppe 1: Treibhunde und Hütehunde

Sektion 1: Schäferhunde

FCI Standard Nummer: 166

Ursprungsland: Deutschland

Größe:

- Rüde: 60 bis 65 Zentimeter
- Hündin: 55 bis 60 Zentimeter

Gewicht:

- Rüde: 30 bis 40 Kilogramm
- Hündin: 22 bis 32 Kilogramm

Fell: langhaarig oder stockhaarig

Fellfarben: Schwarz, Rot mit Hellbraun, Blau mit Grau

Muster: zweifarbig, dreifarbig, sable

Körperbau: trocken ohne Fettansammlungen

Kopf: keilförmig mit einer nur gering gewölbten Stirn und einem geraden Nasenrücken

Charakter: selbstbewusst, intelligent

Lebenserwartung: 11 bis 15 Jahre

Rassetypische Krankheiten: Hüftgelenksdysplasie, Ellbogendysplasie, Keratitis, Pyodermie

Der Schäferhund ist kein Hund für Anfänger, sondern sollte nur von erfahrenen Hundehaltern gehalten werden.

Die Geschichte des Deutschen Schäferhundes

Schon aus dem siebten Jahrhundert nach Christus sind aus dem Gebiet des heutigen Deutschlands Berichte über die stockhaarigen Hunde, die für viele verschiedene Aufgaben als Arbeitshunde eingesetzt wurden, vorhanden. Diese Hunde besaßen ein robustes und kräftiges Aussehen und eine belastbare Gesundheit. Auf ein einheitliches äußeres Erscheinungsbild wurde zu dieser Zeit noch kein Wert gelegt, da die Hunde nur für die Verrichtung von Arbeiten geeignet sein mussten.

Eingesetzt wurden diese Hunde ursprünglich für die Bewachung von Haus und Hof und zum Hüten und Treiben der Viehherden. Bereits zu diesem Zeitpunkt wurde besonders Wert auf die Wachsamkeit und den Beschützerinstinkt der Hunde gelegt.

Aus diesen Hunden entwickelten sich die Altdeutschen Hütehunde und in Thüringen und Württemberg Süddeutsche Hunde, die in ihrem Aussehen den heutigen Deutschen Schäferhunden bereits sehr ähnlich waren.

Begründer der heutigen Rasse der Deutschen Schäferhunde war Max von Stephanitz, ein deutscher Züchter von Hunden, der von dem äußeren Erscheinungsbild und dem Charakter der Schäferhunde eingenommen war. Er begann 1871 mit der Zucht der Hunde. 1898 kaufte Max von Stephanitz von einem Hundezüchter in Frankfurt den Hund Horand von Grafrath. Jetzt hatte er den idealen Hund für die neue Linie der Deutschen Schäferhunde gefunden. Er ließ diesen Hund als ersten Deutschen Schäferhund in das Zuchtbuch, das von dem Verein für Deutsche Schäferhunde geführt wurde, eintragen. Horand von Grafrath und sein Bruder Luchs Sparwasser bildeten den Ursprung der heutigen Linie der Deutschen Schäferhunde. Sie wurden zu den Ahnherren einer auf der ganzen Welt verbreiteten und beliebten Rasse. Die mütterliche Linie ist auf die Hündin Mari von Grafrath zurückzuführen.

1891 wurde der erste Rassestandard für Deutsche Schäferhunde beschrieben. Dabei erfolgte die Aufteilung der Hunderasse in drei Klassen:

- Rauhaarige Hunde
- Glatthaarige Hunde
- Langhaarige Hunde

Die Deutschen Schäferhunde, die für die Zucht zugelassen wurden, mussten eine lange und gerade Nase und spitze, deutlich aufgerichtete Stehohren besitzen. Die Krupp war zu dem damaligen Zeitraum noch gerade, die Rute mit dem buschigen Fell wurde nach unten getragen. Zu dem damaligen Zeitpunkt waren noch die Fellfarben Schwarz, Rotgelb, Weiß und Grau gestattet. Die Hunde konnten einfarbig oder mit Abzeichen ausgestattet sein.

1894 konnte die Hunderasse Deutscher Schäferhund eine größere Aufmerksamkeit erreichen. Auf der Hundeausstellung in Dortmund wurden fünf dem Rassestandard entsprechende Hunde ausgestellt.

Gemeinsam mit seinem Freund Arthur Meyer legte Max Emil Friedrich von Stephanitz die Basis für die Entwicklung eines Arbeitshundes, des

Deutschen Schäferhundes. Aus dieser Zeit stammt auch das von Max von Stephanitz geschriebene Werk: „Der Deutsche Schäferhund in Wort und Bild", in dem sämtliche äußerlichen und charakterlichen Merkmale der Hunderasse ausführlich beschrieben werden.

Während des ersten Weltkriegs wurde die Hunderasse außerhalb von Deutschland nur mehr als Schäferhund bezeichnet. Der Britische Kennelclub führte eine Umbenennung in Elsässer Wolfshund, oder Alsatian Wolf Dog, durch. Diese Änderung des Namens der Hunderasse wurde in England erst im Jahr 1977 wieder zurückgenommen. Jedoch werden noch heute die Britisch-Deutschen Schäferhunde häufig als Alsatian Shepherd Dogs bezeichnet.

Von 1929 bis 1974 bestand außerdem ein Verbot, Deutsche Schäferhunde nach Australien, einem Mitglied des Commonwealth, zu exportieren, um eine Vermischung der Hunderasse mit den Dingos zu verhindern.

Max von Stephanitz und seine Freunde und Wegbegleiter hatten mit dem Deutschen Schäferhund einen loyalen Hund mit starkem Kampftrieb geschaffen. Die Deutschen Schäferhunde sollten ein Idealbild der deutschen Tugenden versinnbildlichen. Die Hunde wurden als Meldehunde im Ersten Weltkrieg und als Bewacher der Insassen in den Konzentrationslagern des Zweiten Weltkriegs eingesetzt. Viele Hunde wurden den Kriegsinteressen geopfert und überlebten die Kampfhandlungen nicht. Als ideale Darstellung von Treue und Mut begleiteten die Hunde viele deutsche Heerführer, unter anderem Ludendorff und Hindenburg. Auch Himmler und Hitler wählten als Begleiter Deutsche Schäferhunde. Der Deutsche Schäferhund Blondi, der im Besitz von Adolf Hitler war, kann heute noch auf vielen Filmaufnahmen von Eva Braun, die auf dem Berghof in Berchtesgaden entstanden, betrachtet werden. Heute ist bekannt, dass alleine im Zweiten Weltkrieg 30.000 Deutsche Schäferhunde zu Kriegsdienstleistungen eingezogen wurden.

Deutsche Schäferhunde wurden aber nicht nur von der deutschen Armee, sondern auch von den Alliierten an der Front eingesetzt.

1933 erfolgte die erste Änderung des Rassestandards der Deutschen Schäferhunde in Deutschland. Hunde mit weißem Fell wurden nicht mehr als dem Standard entsprechend angesehen. Ab 1968 wurde die Farbe Weiß bei den Deutschen Schäferhunden auch aus anderen Kennels verbannt. Die Hunde mit weißem Fell konnten nicht mehr in die Zuchtbücher der Vereine aufgenommen werden. Die Züchter der weißen Schäferhunde gründeten eigene Zuchtclubs und eigene Zuchtbücher. 2003 erfolgte die vorläufige Anerkennung der Hunderasse Weißer Schäferhund durch die Kynologische Gesellschaft in der Schweiz. 2011 wurde der Weiße Schäferhund durch den FCI als eigenständige Hunderasse anerkannt. Der Name der Hunderasse wurde als Weißer Schweizer Schäferhund, oder Berger Blanc Suisse, festgelegt.

Trotz der Verwendung als Propagandahund durch das Nationalsozialistische Regime konnte sich die Hunderasse nach dem Zweiten Weltkrieg wieder behaupten. Der allseits beliebte Arbeitshund wurde zu einem Familienhund umgestaltet und schaffte es, weltweit die Herzen der Hundeliebhaber zu erobern. Noch heute ist die Popularität des Deutschen Schäferhundes ungebrochen.

Der Altdeutsche Schäferhund

Der Altdeutsche Schäferhund ist doch eigentlich ein Deutscher Schäferhund. Oder etwa doch nicht? Gibt es noch weitere Unterschiede als das deutlich länger ausgebildete Fell?

Im Verlauf der Geschichte des Deutschen Schäferhundes wurden immer mehr Hunde von den Zuchtbüchern ausgeschlossen. Dazu zählt auch der langhaarige Altdeutsche Schäferhund. Sein Ausschluss aus den Zuchtbüchern erfolgte im Jahr 1930, da Max von Stephanitz das langhaarige Fell als Problem für die Wetterfestigkeit des Arbeitshundes betrachtete. Obwohl auch kurzhaarige Welpen in den Würfen vorkommen, wird das Gen für lange Haare an die Nachkommen vererbt. Eine

Zucht mit diesen Hunden ist daher nicht möglich. Das langhaarige Fellkleid wird als zuchtausschließender Fehler eingestuft.

Durch die Gründung eigener Zuchtvereine konnten diese Hunde als Altdeutsche Schäferhunde weiter gezüchtet werden. Erst seit 2010 wird auch der langhaarige Schäferhund wieder innerhalb der Schäferhund-Vereine gezüchtet und als Langstockhaar-Variante bezeichnet. Es bestehen keine Unterschiede zu einem Altdeutschen Schäferhund.

Der Rassestandard beider Schäferhund-Varianten ist ähnlich. In der Rasse des Altdeutschen Schäferhundes sind auch der Harzer Fuchs und die Gelbbacke, zwei altdeutsche Hütehunderassen, enthalten. Obwohl die Züchter des Altdeutschen Schäferhundes wieder in die Schäferhundevereine aufgenommen wurden, ist die Bezeichnung für den Altdeutschen Schäferhund erhalten geblieben.

Der Harzer Fuchs

Der Harzer Fuchs wird vom FCI nicht als eigenständige Hunderasse anerkannt. Er gehört ebenso wie der Altdeutsche Schäferhund zu den Deutschen Schäferhunden. Die Vorfahren der heutigen Hunde stammen ursprünglich aus Niedersachsen und Thüringen und wurden für das Hüten des Harzer Rotviehs verwendet. Vom Aussehen her gleicht der Harzer Fuchs dem Deutschen Schäferhund. Sein Fell ist allerdings einheitlich rot. Da bei dem Harzer Fuchs immer die Verwendung für die Arbeit und nicht das Aussehen im Vordergrund stand, bestehen bei den Hunden einige regionale Unterschiede. Anders als andere Hütehunde-Rassen ist der Harzer Fuchs heute nicht mehr vom Aussterben bedroht, da er als Begleithund immer beliebter wird. Für die Erhaltung der Hunderasse setzt sich vor allem die „Arbeitsgemeinschaft zur Zucht Altdeutscher Hütehunde" ein.

Die Gelbbacke

Auch die Gelbbacke ist nicht vom FCI als eigenständige Hunderasse anerkannt. Als Hüter von Kühen und Schafen wurden die Hunde bereits im Mittelalter in Deutschland eingesetzt. Das wetterunempfindliche Fell ermöglicht eine vielseitige Verwendbarkeit der robusten Hunde. Eine grobe Unterteilung der Gelbbacken erfolgt in Schafhunde und Kuhhunde. Die Schafhunde entsprechen dem mittel- und dem süddeutschen Typ. Bei den Kuhhunden werden Siegerländer und Westerländer unterschieden.

Die schnell agierenden Hütehunde sind besonders ausdauernd und können durch ihre hohe Intelligenz Probleme selbstständig lösen. Bei einer Haltung als Familienhund benötigen die Hunde besonders viel Aufmerksamkeit und Beschäftigung. Denn das Hüten und die Arbeit liegen ihnen im Blut. Sie sind allerdings keine Kuschelhunde und benötigen eine konsequente Erziehung.

Durch den Rückgang der Wanderschäferei werden immer weniger Gelbbacken für das Hüten der Herden benötigt. Die Hunderasse ist derzeit vom Aussterben bedroht. Die Hunderasse Gelbbacke ist auf der Roten Liste der „Gesellschaft zur Erhaltung alter und gefährdeter Haustierrassen" geführt.

Eine weitere Variante des Deutschen Schäferhundes: der Belgische Schäferhund

Der Malinois oder Belgische Schäferhund teilt sich mit dem Deutschen Schäferhund einen Teil der Herkunft. Beide Hunderassen haben noch heute viel gemeinsam. Es sind aber auch eindeutige Unterschiede zu erkennen. Die ersten Berichte über die Hunderasse Belgischer Schäferhund stammen aus dem Jahr 1899. Die erste offizielle Anerkennung der Hunderasse erfolgte 1901.

Die robusten großen Hunde können in vier Varianten unterteilt werden:

- Der Groenendael
- Der Laekenois
- Der Tervueren
- Der Malinois

Heute ist der Malinois der bekannteste der Belgischen Schäferhunde. Ursprünglich als Wachhund, Treibhund für Viehherden und Zughund eingesetzt, finden die intelligenten Hunde mit dem großen Beschützerinstinkt heute vor allem Verwendung im Dienst von Polizei, Militär und Zoll. Soll der Malinois als Familienhund gehalten werden, müssen seine ursprünglichen Bedürfnisse erfüllt werden. Bei einer guten Auslastung können die wendigen und eleganten Hunde gut mit Kindern oder anderen Haustieren zusammenleben. Obwohl der Malinois kein Kampfhund ist, wird er in der Schweiz auf der Liste der gefährlichen Hunderassen geführt.

Der Osteuropäische Schäferhund

Der Osteuropäische Schäferhund ist in seinem äußeren Erscheinungsbild dem Deutschen Schäferhund sehr ähnlich. Die selbstbewussten Hunde besitzen ein stockhaariges Fell und sind etwas größer und schwerer als die Deutschen Schäferhunde.

1924 wurden in einer Schule für Militärhunde und Sporthunde Hunde gezüchtet, die gut als Diensthunde in allen klimatischen Bereichen in Russland eingesetzt werden konnten. Während des Zweiten Weltkriegs wurden von Russland 60.000 Diensthunde für verschiedene Tätigkeiten an der Front verwendet. Nach dem Krieg sollte der Bestand an Diensthunden wieder aufgestockt werden. Der erste Rassestandard für die Osteuropäischen Schäferhunde wurde 1955 veröffentlicht. Die letzte Überarbeitung wurde 1976 durchgeführt. Das Aussehen und der

Verwendungszweck der Hunde wurden dabei aber nicht verändert. Die Hunderasse wurde bisher nur von dem russischen Kynologenverband anerkannt. Eine Anerkennung durch den FCI ist noch ausständig.

Der Weiße Schäferhund

Der Weiße Schäferhund bildete ursprünglich mit dem Deutschen Schäferhund eine gemeinsame Rasse. Da verbunden mit der weißen Fellfärbung vermehrt Erbkrankheiten wie Taubheit, Blindheit und Unfruchtbarkeit auftraten, wurde der Weiße Schäferhund 1933 nicht mehr für die Zucht zugelassen. Die Halter der Weißen Schäferhunde entwikkelten in Kanada und den Vereinigten Staaten von Amerika eine neue Zuchtbasis. In Amerika erlangten die Weißen Schäferhunde dadurch schnell eine große Bekanntheit und Beliebtheit. Ab 1968 wurde auch die Zulassung zur Zucht in Amerika widerrufen. Eine weiße Fellfarbe wurde jetzt als Fehlfärbung beurteilt. Nur im Canadian Kennel Club wurden die Weißen Deutschen Schäferhunde weiter als Hunderasse anerkannt. Seit 1970 sind die Weißen Schäferhunde wieder verstärkt nach Europa zurückgekehrt. Seit 2011 werden die Hunde mit dem weißen Fell wieder als eigenständige Hunderasse von dem FCI anerkannt.

Was unterscheidet den Deutschen Schäferhund von anderen Schäferhunden?

Der Deutsche Schäferhund ist etwas kleiner als die anderen Schäferhund-Rassen. Die Hunderasse wird heute nicht mehr als reiner Arbeitshund eingesetzt, sondern ist auch ein Begleit- und ein Familienhund. Sein „will to please" ist ausgeprägter als bei den anderen Schäferhunden. Trotzdem sind der Beschützerinstinkt und der Wachtrieb voll erhalten geblieben. Wie alle Schäferhunde und Hütehunde benötigt der Deutsche Schäferhund eine gute körperliche und geistige Auslastung.

In den letzten Jahrzehnten wurden vermehrt Hunde mit einer abfallenden Krupp gezüchtet. Mit diesem Körperbau sind aber auch Probleme mit dem Hüftgelenk verbunden. Durch die verstärkt auftretende Hüftgelenksdysplasie leiden die Hunde unter Bewegungsstörungen und Schmerzen. Die anderen Schäferhund-Rassen besitzen einen geraden Rücken. Bei ihnen treten dadurch auch geringere Probleme durch Erkrankungen der Hüftgelenke auf.

Sein großer Arbeitswillen macht den Deutschen Schäferhund zu einem belastbaren Begleiter. Er ist stärker auf die Menschen bezogen als einige der anderen Schäferhund-Rassen.

Der Rassestandard des Deutschen Schäferhundes

Der Deutsche Schäferhund ist ein mittelgroßer Hund mit einem stämmigen Körperbau. Durch die gut ausgebildete Bemuskelung wirkt er kräftig, aber nicht schwerfällig. Die Muskeln sollen sich immer deutlich abzeichnen und nicht von Fettdepots überlagert werden. Der gewölbte Brustkorb ist tief angelegt und ermöglicht dem Deutschen Schäferhund ein gutes Atemvolumen bei anstrengenden Tätigkeiten.

Die Extremitäten sind gewinkelt. Der Deutsche Schäferhund kann mit seinen Beinen weit ausgreifen und große Schritte und Sprünge ausführen. Im schnellen Lauf greift die hintere Extremität bis unter die Körpermitte und ermöglicht bei jedem Schritt einen großen Schub. Ausdauerndes Traben ist für den Deutschen Schäferhund kein Problem.

Der keilförmige Kopf ist auf einen gut bemuskelten Hals aufgesetzt. Die Länge des Kopfes liegt bei 40 Zentimeter der Widerristhöhe des Hundes. Der gerade Nasenrücken geht mit einem deutlichen Stopp in die leicht gewölbte Stirn über. Die Mittelfurche auf der Stirn soll nur schwach ausgeprägt sein. Der Nasenspiegel ist schwarz gefärbt. Andere Färbungen der Nase werden als Fehlfärbungen beurteilt. Die Hunde erhalten keine Zulassung für die Zucht. Das Scherengebiss, bei dem die Schneidezähne wie eine Schere ineinander greifen und das von dunklen und straffen Lippen bedeckt ist, besteht beim erwachsenen Hund aus 42 Zähnen, die ein Milchgebiss aus 28 Zähnen ersetzen. Vorbisse oder Rückbisse werden als Fehler bewertet.

Die dunklen Augen sind schräg am Kopf angesetzt und zeigen einen wachsamen und aufmerksamen Ausdruck. Helle Augen sind bei Zuchthunden nicht erlaubt, da es durch den stechenden Blick zu einer starken Beeinträchtigung des gesamten Ausdrucks kommen kann.

Die Stehohren, die leicht seitlich am Kopf aufsitzen, müssen immer vollständig aufgerichtet und nach vorne gerichtet sein. Ein Umknicken der Ohrspitze entspricht nicht dem Rassestandard.

Der lange Widerrist geht in einen geraden Rücken über, der im Bereich der Krupp leicht nach unten abfällt. Die buschige Rute reicht bis auf die Höhe des Sprunggelenks.

An der Unterseite ist die Behaarung länger ausgebildet als an der Oberseite des Schwanzes. Die Rute wird immer nach unten und locker zwischen den Hinterbeinen hängend getragen. Die Deutschen Schäferhunde heben auch in erregenden Situationen die Rute niemals über die Horizontalebene hinaus an.

Die beiden Vorderbeine, bei denen die Schulter und der Oberarm eine gleiche Länge aufweisen sollen, stehen parallel am Boden. Der Hund darf die Ellbogen weder im Stand noch in der Bewegung eindrücken oder ausdrücken. Die runden Pfoten besitzen einen harten Sohlenbereich, der nicht spröde sein soll. Die kurzen, schwarzen Nägel sind kräftig ausgebildet.

Die Hinterbeine sind parallel und etwas rückständig gestellt. Die Muskulatur der Oberschenkel tritt deutlich hervor. An die gut ausgebildeten Sprunggelenke schließt sich ein senkrecht stehender Mittelfuß an. Ballen und Nägel müssen schwarz sein.

Beim Gehen trabt der Deutsche Schäferhund. Der Gang ist raumgreifend mit einer leicht gehobenen Rute und einem nach vorne geschobenen Kopf.

Welche Abweichungen vom Rassestandard führen zu einem Ausschluss der Hunde von der Zucht?

- Aggressivität
- Übersteigerte Ängstlichkeit
- Nervosität
- Kryptorchismus: Die Hoden befinden sich nicht im Hodensack.
- Knickohren
- Fehler bei der Rute
- Zahnfehler
- Gebissfehler: Rückbiss und Vorbiss
- Die Größe der Hunde weicht um mehr als einen Zentimeter vom Rassestandard ab.
- Albinismus
- Weißes Fell
- Langstockhaar mit fehlender Unterwolle
- Lange weiche Deckhaare ohne Unterwolle

Zur Zucht werden von den Verbänden nur Hunde zugelassen, die dem Rassestandard entsprechen und klinisch gesund sind.

Das Haarkleid des Deutschen Schäferhundes

Dem Rassestandard entsprechen bei dem Fellkleid des Deutschen Schäferhundes zwei Varianten:

- Kurzes Stockhaar mit Unterwolle
- Langes Stockhaar mit Unterwolle

Das stockhaarige Haarkleid:

Die dichten Deckhaare liegen gerade und fest am Körper an. An Kopf, Beinen und Pfoten sind die Haare eher kurz. An der Rückseite der Extremitäten sind die Haare bis in den Bereich des Vorderwurzelgelenks und des Sprunggelenks länger ausgebildet. Es entsteht ein Eindruck von Hosen. Am Hals ist das Fellkleid länger und dichter ausgebildet.

Das langstockhaarige Haarkleid:

Das lange Deckhaar ist weich und liegt locker am Körper. An Ohren und Beinen befinden sich Fahnen und Hosen. Die Rute ist mit einem dicht wachsenden, buschigen Fell bedeckt. Die Wuchsrichtung der Haare in den Fahnen ist immer gegen den Boden gerichtet. Während am Kopf und der Vorderseite die Haare nur kurz ausgebildet sind, bilden diese im Bereich des Halses eine dichte Mähne.

Das natürliche Fell mit der dichten Unterwolle schützt den Deutschen Schäferhund vor allen Witterungseinflüssen. Aufgrund von dem dicken Fell kann der Deutsche Schäferhund auch im Freien gehalten werden. Voraussetzung dafür ist ein trockener, vor Regen und Wind geschützter geheizter Unterstand.

Die Haare fallen bei dem Deutschen Schäferhund nicht selbstständig aus. Sie lösen sich erst bei Berührung aus dem Fell. Besonders während des Fellwechsels müssen viele lose, abgestorbene Haare ausgebürstet werden.

Die Fellfarben

Dem Rassestandard entsprechend kann der Deutsche Schäferhund ein einfarbiges Fell oder auch Abzeichen besitzen.

Folgende Fellfarben sind nach dem Rassestandard erlaubt:

- Einfarbig schwarzes Fell
- Schwarz mit rotbraunen Abzeichen
- Schwarz mit braunen Abzeichen
- Schwarz mit hellgrauen bis gelben Abzeichen
- Grau mit einem schwarzen Sattel und einer schwarzen Maske. Das Fell ist grau gewolkt.

Ebenfalls erlaubt sind kleine weiße Abzeichen auf der Brust, die das gesamte Erscheinungsbild des Hundes nicht beeinträchtigen. Fehlende Masken oder sehr helle Abzeichen im Brustbereich werden als Farbfehler gewertet. Eine rote Spitze der Rute wird als Pigmentschwäche beurteilt. Nicht gestattet sind Deutsche Schäferhunde mit einem weißen Fell oder Albinos.

Die Vererbung der Fellfarben beim Deutschen Schäferhund

In den Melanozyten, den Pigmentzellen, werden Pigmente gebildet, die sich in das Innere der Haare einlagern. Durch die Pigmente erhält das Fell seine charakteristische Farbe. Die Pigmente sind aus kleinen Körnchen, den Granula, zusammengesetzt.

Bei den Granula werden

- Eumelanin
- Phäomelanin

unterschieden.

Als Eumelanin besitzen die Granula eine Form, die einer Kugel ähnelt. Die großen Granula absorbieren alle Spektren des Lichts. Die Haare wirken auf den Betrachtenden schwarz oder dunkelbraun.

Die Granula des Phäomelanins besitzen eine längliche Form und sind in der Größe kleiner. Sie absorbieren nur Teile des Lichtspektrums. Die Spektren für Farben Orange, Rot und Gelb werden von den Granula reflektiert.

Aus diesen beiden Granula setzen sich durch Mischung die verschiedenen Fellfarben zusammen.

Welche Granula gebildet werden, wird durch die Gene des Hundes beeinflusst. Dabei muss zwischen

- Phänotypischen
- Genotypischen

Farben unterschieden werden.

Phänotypische Farben sind von außen deutlich sichtbar. Genotypische Farben sind Farb-Allele, die zwar an die Nachkommen weitergegeben werden, aber äußerlich von anderen Farben verdeckt werden. Sie sind äußerlich nicht sichtbar.

Einige Hunde besitzen seit der Geburt ihre Fellfarbe. Bei anderen Hunden muss sich die äußerliche Fellfarbe erst entwickeln.

Welche Allele sind beim Hund für die Ausbildung der Färbung des Fells verantwortlich?

1. E-Lokus

Auf dem E-Lokus ist das Melanocortin-Rezeptor-1-Gen angeordnet. Esist für die Fellfarbe von besonderer Bedeutung. Durch das Melanocortin-Rezeptor-1-Gen können alle drei Allele, das E (Schwarz), Em und e (Rot und Gelb), gebildet werden.

Besitzt der Hund reinerbige Allele ee, wird in den Haaren kein schwarzes Pigment eingelagert. Die Farben des Fells sind Orange, Rot und Gelb.

Auch Hunde, die ee reinerbig sind, sind in der Lage, im Nasenspiegel Eumelanin einzulagern. Der Nasenspiegel kann anders als das Fell schwarz sein.

Besitzt der Hund auch den Genen E, kann auch Eumelanin erzeugt werden. Die Bildung und Einlagerung von schwarzem Pigment sind möglich.

Die E-Maske

Bei der E-Maske handelt es sich um eine Sonderform des E. E verhält sich gegenüber e dominant. Rund um die Augen und im Bereich des Fangs wächst eine schwarze Maske. Die E-Maske wird daher auch als Maskenallel bezeichnet. Das Maskenallel kann neben dem E-Lokus auch auf dem B-Lokus und dem D-Lokus vorhanden sein. Die Haare im Bereich der Maske besitzen dann eine gelbe, blaue oder leberartige Farbe.

2. K-Lokus

Der K-Lokus besitzt drei Allele: KB, kbr und ky. KB ist verantwortlich für die Bildung von schwarzem oder braunem Pigment. Ist der Hund Träger der Allel-Kombination kbr und ky, sind verschiedene Abzeichen in dem Fell zu sehen. Diese Allel-Kombination ist bei dem Deutschen Schäferhund mit dem rezessiven a am A-Lokus, das für die schwarze Färbung des Fells verantwortlich ist, verbunden.

3. B-Lokus

Der B-Lokus ist verantwortlich für eine schwarze oder braune Fellfarbe. Ist der Hund ein Träger des dominanten Allels B, ist sein Fell schwarz pigmentiert. Bei dem rezessiven Allel b ist das Fell braun.

Für die braune Fellfarbe ist das Tyrosinase Related Protein 1 verantwortlich. Das in dem Allel b gebildete Eiweiß verändert die Struktur des Eumelanins. Es erscheinen nicht nur die Haare braun, sondern auch die Augen und der Nasenspiegel weisen ein helleres Pigment auf. Einen weiteren Einfluss auf die Intensität der Fellfarbe wird von dem Dilute-Gen ausgeübt.

4. A-Lokus

Im A-Lokus wird das Signal gebildet, das die Produktion von Phäomelanin und Eumelanin anregt. Ist das Signal auf bestimmte Körperbereiche begrenzt, sind äußerliche Marken sichtbar. Bei einer zeitlichen Begrenzung des Signals bildet sich auf den einzelnen Haaren eine typische Bänderung. Häufig bilden sich die endgültige Fellfarbe Gelb, Wildfarben oder begrenzte Marken erst einige Monate nach der Geburt aus.

5. Agouti-Y

Agouti-Y unterdrückt die Entstehung von Eumelanin. Es wird ausschließlich Phäomelanin gebildet. An den Spitzen der Haare kann schwarzes Pigment eingelagert werden. Beispiele dafür sind der Tervuren oder die Belgischen Schäferhunde, deren Fell durch die schwarzen Haarspitzen, wie mit Ruß überzogen, aussieht.

6. D-Lokus

Der D-Lokus ist der Sitz des Verdünnungsgens oder des Dilute-Gens. Das Dilute-Gen ist verantwortlich für die Aufhellung der Fellfarbe.

Der Nasenspiegel ist grau oder rosa. Die Augen sind heller. Die hellere Ausbildung des Fells entsteht durch eine unregelmäßige Einlagerung von Melanin. Durch die nicht gleichmäßige Verteilung der Granula erscheint das Fell nicht in der normalen dunklen Farbe. Der „Blaufaktor", der nicht bei allen Hunderassen für die Zucht zugelassen ist, ist meistens auch mit gesundheitlichen Problemen verbunden. Das Dilute-Gen kann für Taubheit, Blindheit oder andere genetischen Erkrankungen verantwortlich sein. Bei vielen Hunderassen mit einem Dilute-Gen tritt die CMA eine Farbmutationsalopezie auf. Die Haare werden brüchig und fallen aus. Besonders häufig ist das Dilute-Gen beim Dobermann mit der CMA verbunden. Daher ist die Zucht von Dobermännern mit blauem Fell von den Zuchtvereinen verboten worden.

Welche Schäferhund-Rasse passt am besten zu welchem Menschen?

Damit das Zusammenleben mit dem Hund problemlos klappt, ist die Auswahl des richtigen Schäferhundes besonders wichtig. Auch wenn die verschiedenen Schäferhund-Rassen sich teilweise äußerlich ähnlich sehen, bestehen Unterschiede bezüglich des Charakters und der Ansprüche. Besonders wichtig ist das Wissen über die ursprüngliche Verwendung der Hunderasse. Der ehemalige Verwendungszweck sagt viel über die Anlagen und das mögliche Temperament des Hundes aus. Denn die Veranlagung für die ursprüngliche Durchführung der Aufgaben ist immer noch versteckt in jedem Hund enthalten und kann jederzeit wieder an die Oberfläche gelangen.

Schäferhunde gehören zu den Hütehunden

Hütehunde haben schon seit vielen Jahren mit Menschen zusammengearbeitet. Bei diesen Hunden ist ein gut eingespieltes Mensch-Hund-Team wichtig. Eingesetzt wurden die Schäferhunde für das Treiben und

Hüten von Viehherden. Gleichzeitig mussten sie die Menschen bei verschiedenen Tätigkeiten begleiten und den Besitz ihrer Halter bewachen. Für diese Aufgaben waren Selbstbewusstsein und selbstständiges Denken unbedingt erforderlich. Trotzdem musste sich der Hund unterordnen und Befehle präzise befolgen. Daher kann nicht unbedingt davon ausgegangen werden, dass alle Schäferhunde sehr kooperativ und mit einem hohen Willen, zu gefallen, ausgestattet sind.

Die verschiedenen Schäferhunde

Der **Deutsche Schäferhund** ist sehr wachsam und intelligent. Er kommt gut mit Kindern und anderen Haustieren zurecht. Mit seinem ruhigen Wesen passt sich der Hund gut an seine Umgebung an. Sein ausgeprägter Beschützerinstinkt macht ihn zu einem idealen Begleiter. Der Deutsche Schäferhund ist vor allem für Menschen geeignet, die sich gern mit ihrem Hund in der Natur aufhalten und auch Hundesport betreiben wollen. Der Deutsche Schäferhund ist als Wachhund und als Familienhund geeignet.

Der **Altdeutsche Schäferhund** ist sehr intelligent und ein ausgezeichneter Wachhund. Dieser Schäferhund ist besonders kinderfreundlich, benötigt aber eine gute körperliche und geistige Auslastung. Der Altdeutsche Schäferhund kann leicht erzogen werden, da sein „will to please" sehr ausgeprägt ist. Trotzdem werden für die Erziehung des Hundes Konsequenz und Erfahrung benötigt, damit die positiven Eigenschaften des Hundes zur Geltung kommen.

Der **Belgische Schäferhund** ist intelligent und verspielt. Seine Wachsamkeit und sein Beschützerinstinkt machen den Malinois zu einem ausgezeichneten Wachhund, der den Dienst schnell zu seiner Lebensaufgabe macht. Wird der Belgische Schäferhund nicht ausreichend beschäftigt, beginnt er, zu hüten. Das kann bei einer Familie mit Kindern durchaus Probleme verursachen. Der Malinois ist kein Hund, der in die Hände von Anfängern gehört.

Der **Weiße Deutsche Schäferhund** besitzt ebenfalls eine hohe Intelligenz. Sein Spieltrieb bleibt bis ins hohe Alter erhalten. Die Hunde sind kinderfreundlich und können leicht erzogen werden. Durch seinen ausgeprägten Wachinstinkt und Beschützerinstinkt eignet sich der Weiße Deutsche Schäferhund besonders gut als Wachhund.

Der **Groenendal** ist ein sehr aktiver und intelligenter Hund. Er benötigt lange Spaziergänge und ausreichend Beschäftigung. Besonders gut ist der Hund für Personen geeignet, die selber sehr aktiv sind. Der Groenendal hat ein freundliches Wesen und neigt nicht dazu, zuzubeißen. Trotzdem benötigen die Hunde eine sehr konsequente Erziehung. Der Groenendal sollte nur von Hundehaltern mit ausreichender Erfahrung bei der Haltung von Schäferhunden gehalten werden. Für die Haltung in kleinen Wohnungen ist der Hund nur bedingt geeignet.

Der **Harzer Fuchs** ist gesund und intelligent. Sein großes Selbstbewusstsein und seine Freude am Treffen eigener Entscheidungen machen ihn zu einem guten Begleiter. Wegen des starken Wachinstinkts sind die Hunde gut als Wachhunde geeignet. Sein ruhiges und verspieltes Wesen macht den Harzer Fuchs auch zu einem idealen Spielgefährten für Kinder.

Der **Holländische Schäferhund** ist ein verspielter und sehr aktiver Hund. Ständig will er mit seiner Familie etwas unternehmen. Die Hunde eignen sich ausgezeichnet als Wachhunde. Da der Holländische Schäferhund viel Auslauf benötigt, ist er eher für aktive Hundehalter geeignet.

Der **Katalanische Schäferhund** ist in Deutschland sehr selten. Bei diesem Hund sind Verspieltheit, Intelligenz und Wachsamkeit gut miteinander verbunden. Der Katalanische Schäferhund ist ein Hund, der nicht so gerne allein bleibt. Er will ständig beschäftigt werden und an den Unternehmungen der Familie teilnehmen.

Der **Kaukasische Schäferhund** ist besonders wachsam. Der Hund ist intelligent und eigenständig. Er kann gut alleine bleiben. Aufgrund von seiner Größe ist der Kaukasische Schäferhund für eine Haltung in einer

Stadtwohnung nicht so gut geeignet. Die Hunde sind sehr ruhig. Kinder werden toleriert, der Hund findet sein Vergnügen aber nicht darin, stundenlang mit den Kindern zu spielen.

Der **Kroatische Schäferhund** ist besonders kinderfreundlich und verspielt. Er ist ein sehr guter Familienhund, der auch mit anderen Haustieren gut zurechtkommt. Da der Kroatische Schäferhund leicht zu erziehen ist, ist er auch für Anfänger gut geeignet.

Der **Tervueren** ist ein gesunder und intelligenter Hund, der sich gut als Wachhund eignet. Er spielt gerne mit Kindern und benötigt ausreichend Bewegung und Beschäftigung.

Obwohl alle diese Hunde zu den Schäferhunden und Hütehunden gehören, sind ihr Wesen und Charakter oft sehr unterschiedlich. Nicht jeder Schäferhund ist automatisch auch ein Familienhund. Gemeinsam ist den Hunden dieser Rassen eine ausgeprägte Wachsamkeit.

Übersicht über die Eignung der Schäferhunde als Familienhund

Schäferhund-Rasse	Familienhund	Wachhund	Anfängerhund
Deutscher Schäferhund	ja	ja	bedingt, abhängig von der Zucht
Altdeutscher Schäferhund	ja	ja	ja
Belgischer Schäferhund	teilweise	ja	nein
Weißer Deutscher Schäferhund	ja	ja	ja
Groenendal	ja	ja	nein
Harzer Fuchs	ja	ja	teilweise
Holländischer Schäferhund	ja	ja	ja
Katalanischer Schäferhund	ja	ja	ja
Kaukasischer Schäferhund	ja	nein	nein
Kroatischer Schäferhund	ja	ja	ja
Tervueren	ja	ja	nein

Haben wir uns bisher mit dem Charakter und den Leistungen der Schäferhunde befasst, konzentrieren wir uns in den nächsten Kapiteln auf den Deutschen Schäferhund. Damit ein Zusammenleben mit dem Deutschen Schäferhund reibungslos klappt und auch der Hund ein glückliches und zufriedenes Hundeleben führen kann, sollten einige Punkte beachtet werden.

Welche Ansprüche stellt ein Deutscher Schäferhund an seinen Halter?

Der Deutsche Schäferhund findet sich weltweit auf der Beliebtheitsskala der Hunderassen an oberster Stelle. Die klugen Arbeitshunde sind loyale und treue Begleiter, die mutig an der Seite ihrer Familie stehen. Doch der Deutsche Schäferhund stellt auch einige Anforderungen bezüglich Haltung und Pflege an seinen Besitzer.

Die Erziehung muss schon im Welpenalter beginnen

Der Deutsche Schäferhund ist mutig und selbstbewusst. Gerne trifft er eigene Entscheidungen. Dieser Charakterzug muss bei der Erziehung des Deutschen Schäferhundes berücksichtigt werden. Schon im Alter von wenigen Wochen sollte sein gutmütiges Temperament durch positive Verstärkung gefördert werden. Eine gute Sozialisierung, die bereits bei dem Züchter beginnt, macht aus dem Hund später einen sicheren Begleiter. Mit ständiger Konsequenz und klaren Befehlen lernt der Hund sehr schnell und fügt sich perfekt in sein neues Zuhause ein.

Der intelligente Hund muss beschäftigt werden

Der Deutsche Schäferhund ist von Natur aus ein Arbeitshund. Er benötigt nicht nur Spaziergänge, sondern will auch auf möglichst abwechslungsreiche Art gefördert werden.

Besonders gut für die körperliche Auslastung eignen sich viele verschiedene Arten von Hundesport. Der Deutsche Schäferhund eignet sich für Agility, Hindernisparcours, Longiertraining, Nasenarbeit, Mantrailing, Frisbee und Flyball. Hauptsache: Der aktive Hund darf sich bewegen. Besonders bevorzugen die intelligenten Hunde Sportarten, bei denen gleichzeitig zu der körperlichen Betätigung auch Denkaufgaben gelöst werden müssen. Dann ist der Deutsche Schäferhund voll in seinem Element.

In der Wohnung können verschiedene Intelligenzspiele verwendet werden. Dabei ist immer darauf zu achten, dass der Schwierigkeitsgrad ständig erhöht wird, um den klugen Hund zu fordern. Sie werden bemerken, dass der Deutsche Schäferhund kaum Hilfe braucht, um zu einer Lösung für das Intelligenzspiel zu kommen. Hat er ein Spiel einmal gelernt, wird ihm schnell langweilig und er sucht neue Herausforderungen.

Der Deutsche Schäferhund ist auch gut für Clickertraining geeignet. Es macht ihm Spaß, gemeinsam mit seinem Besitzer neue Tricks zu erlernen.

Wird der Deutsche Schäferhund nicht ausreichend und abwechslungsreich beschäftigt, sucht er seine Beschäftigung selber. Dabei kann schon einmal die Wohnung zu Schaden kommen. Bei Langeweile nimmt auch der Hütetrieb überhand. Der Hund beginnt, die Kinder der Familie zu bewachen und zu hüten. Schnell kommt es da bei den Kindern auch zu kleinen Verletzungen, da der Hund mit seinen Zähnen zuzwickt.

Eine Außenhaltung ist unter bestimmten Umständen möglich

Der Deutsche Schäferhund verfügt über ein wetterdichtes Fell mit reichlich Unterwolle. Die zwischen den Haaren liegenden Luftpolster verhindern ein Vordringen von Kälte und Nässe bis auf die Haut. Auf tiefe Temperaturen reagiert der Deutsche Schäferhund nicht empfindlich. Es sollte bei einer teilweisen Haltung in einem Garten aber immer ein heizbarer Unterstand zur Verfügung gestellt werden, der dem Hund vor Regen und Kälte Schutz bietet.

Da der Deutsche Schäferhund ein sehr sozialer Hund ist, der mit seiner Familie leben möchte, ist eine durchgehende Zwingerhaltung nicht möglich. Bei fehlendem Kontakt zu Menschen können Verhaltensstörungen auftreten.

Tägliche Spaziergänge sind ein Muss

Der Deutsche Schäferhund benötigt regelmäßige Kontakte mit Artgenossen, um seine sozialen Bedürfnisse ausleben zu können. Auf einem Spaziergang wird dem Hund nicht nur Abwechslung durch verschiedene Gerüche geboten, er ist auch in der Lage, mit anderen Hunden zu kommunizieren und zu spielen. Selten ist der Deutsche Schäferhund wasserscheu. Schlechtes Wetter ist für ihn kein Grund, den Spaziergang zu verkürzen.

Als Familienhund ist der Deutsche Schäferhund gerne ein Teil seiner Familie

Der Deutsche Schäferhund teilt den Alltag gerne mit seinen Menschen. Er ist gerne bereit, für viele lustige Augenblicke zu sorgen und so das Familienleben zu bereichern. Mit seinen Bezugspersonen verbindet den Deutschen Schäferhund eine tiefe Beziehung. Durch die starke Bindung und den großen Willen, zu gefallen, sind die Hunde einfach zu erziehen. Sie akzeptieren nach der pubertären Phase ihre Stellung im Familienrudel und kümmern sich auch perfekt um die Kinder.

Eine einfache Fellpflege ist ausreichend

Schmutz wird nach dem Trocknen einfach aus den Haaren geschüttelt. Ein regelmäßiges Bad ist also nicht notwendig. Abgestorbene Haare bleiben zwischen den anderen Haaren haften. Sie sollten zweimal pro Woche mit einer Bürste oder einem Kamm entfernt werden. Während des Fellwechsels verliert der Deutsche Schäferhund sehr viele Haare.

Das Futter muss schmackhaft sein

Der Deutsche Schäferhund ist kein mäkeliger Fresser. Er liebt allerdings die Abwechslung beim Futter. Wichtig für die Gesundheit des Hundes ist es, dass in dem Futter alle wichtigen Nährstoffe enthalten sind. Das Hundefutter sollte keinen Zucker und nur einen geringen Getreideanteil enthalten, damit der Hund kein Übergewicht entwickelt.

Die Wohnungsgröße ist nicht entscheidend für eine gute Haltung

Der Deutsche Schäferhund kann auch in einer Stadtwohnung gehalten werden. Voraussetzung dafür ist, dass er mehrmals täglich genügend Auslauf erhält. Anders als bei anderen Schäferhunden benötigt der Deutsche Schäferhund nicht sehr viel Platz. Ein ruhiger Rückzugsort mit einem bequemen Liegebett, eine Futter- und Wasserstelle, Spielzeug und viel Kontakt zu seiner Familie sorgen dafür, dass sich der Hund wohlfühlt.

Zuwendungen sind für den Deutschen Schäferhund sehr wichtig

Der Deutsche Schäferhund kann durchaus für kurze Zeit allein bleiben. Er ist allerdings kein Hund, der acht Stunden täglich in der Wohnung allein gelassen werden sollte. Besonders wichtig sind dem Hund Zuwendungen in Form von Streicheleinheiten oder gemeinsamen Kuschelstunden. Diese verstärken die Bindung zum Besitzer und bilden die Grundlage für eine gute Vertrauensbasis. Als Zuwendung können auch gemeinsame Jagdspiele oder Zerrspiele eingesetzt werden.

Der Jagdtrieb ist bei dem Hütehund noch vorhanden

Der Deutsche Schäferhund ist ein ausgezeichneter Wachhund. Er wurde früher vor allem als Schutzhund für die Tiere und den Besitz des Menschen gezüchtet. Trotzdem besitzen einige Deutschen Schäferhunde einen gut ausgeprägten Jagdtrieb. Dieser muss durch die richtige Erziehung und das Anbieten eines Alternativverhaltens in die richtigen Bahnen gelenkt werden.

Für einen Deutschen Schäferhund muss viel Zeit aufgewendet werden

Der Deutsche Schäferhund benötigt bei seiner Haltung vor allem eines: die Zeit seines Menschen. Spaziergänge, regelmäßiges Training, Hundesport oder gemeinsame Spiele sind dem Hund sehr wichtig. Deshalb sollten nur Menschen mit genügender Freizeit einen Deutschen Schäferhund halten.

Deutsche Schäferhunde als Familienhunde und warum sie die idealen Begleiter sind

Der Deutsche Schäferhund baut eine starke Bindung zu seinen Menschen auf. Er will ihnen gefallen und immer an ihrer Seite sein. Selbstverständlich ist der Hund auch mutig bereit, seine Familie bis zum Äußersten zu verteidigen.

Seine Kinderfreundlichkeit macht den Deutschen Schäferhund zu einem idealen Familienhund. Um diese Aufgabe erfüllen zu können, müssen die Hunde geistig und körperlich gut ausgelastet werden. Durch sein ruhiges Wesen kann der Deutsche Schäferhund mit Kindern gut umgehen. Der Hund spielt gerne und ist auch bereit, die Kinder über einen längeren Zeitraum zu unterhalten.

Seine Loyalität eilt ihm voraus. Für einen Deutschen Schäferhund stehen die Erfüllung seiner Pflichten und die Loyalität zu seinem Besitzer immer an erster Stelle. Nicht umsonst gilt der Hund als Spiegelbild der deutschen Tugenden.

Gerne unternimmt der Deutsche Schäferhund mit seinem Bezugsmenschen lange Wanderungen. Er fühlt sich aber auch bei einem Stadtspaziergang wohl und kann mit Menschenansammlungen ohne Nervosität umgehen.

Der Deutsche Schäferhund besitzt ein ruhiges und ausgeglichenes Wesen. Ohne Grund zeigt er kein aggressives Verhalten. Ist der Hund gut erzogen und abgerichtet, vereint er einen hervorragenden Wachhund und einen liebevollen Begleithund in sich.

Der Deutsche Schäferhund ist für alle Menschen, die ihren Hund in allen Lebenslagen bei sich haben wollen, ein besonders gut geeigneter Hund. Bürohund, im Urlaub oder Freizeithund: Alles ist für den Deutschen Schäferhund kein Problem.

Wie wichtig ist eine angemessene Erziehung?

Der Deutsche Schäferhund ist ein mittelgroßer Hund, der ein Gewicht von über 30 Kilogramm erreichen kann. Wegen seiner Körpergröße sollte der Hund gut erzogen sein, damit es auf Spaziergängen nicht zu Verletzungen kommt.

Die Hunde sind intelligent und selbstständig. Das Treffen von eigenen Entscheidungen ist für sie kein Problem. Ist der Deutsche Schäferhund nicht angemessen erzogen, setzt er gerne seinen Willen durch. Kommandos werden dann nur mehr befolgt, wenn es dem Hund gerade passt.

Um die Gutmütigkeit des Wesens des Deutschen Schäferhundes in den Vordergrund zu rücken, muss der Hund schon als Welpe mit liebevoller Konsequenz erzogen werden. Die Erziehung der intelligenten Hunde darf allerdings nicht auf körperlicher Strafe basieren, sondern sollte ausschließlich über positive Verstärkung und das liebevolle Setzen von Grenzen erfolgen. An den gesetzten Grenzen kann sich der Hund orientieren. Er erhält dadurch mehr Sicherheit und verlässt sich in allen Situationen auf seinen Bezugsmenschen. Nur durch eine gute Sozialisierung und Erziehung wird der Deutsche Schäferhund auch zu einem perfekten Familien- und Begleithund.

Wie viel Potenzial steckt in dem Deutschen Schäferhund?

Die intelligente Hunderasse besitzt ein großes Potenzial. Die Hunde sind einfach zu erziehen, da sie dem Halter gefallen wollen. Durch positive Verstärkung lernen sie gerne neue Tricks und wenden diese bei gemeinsamen Spielen an. Der Deutsche Schäferhund ist also nicht nur ein zuverlässiger Wachhund, sondern auch ein neugieriger und intelligenter Hund, der sich gerne neue Dinge aneignet.

Deutsche Schäferhunde treten als Artisten im Zirkus auf, sind hervorragende Schauspieler und haben Starstatus auf Instagram und YouTube erreicht.

Die Vielseitigkeit des Hundes zeigt sich in allen Lebenslagen: als Suchhund, der vermisste Menschen aufspürt, als Drogenerschnüffler oder Nasen-Ermittler beim Zoll, als zuverlässiger vierbeiniger Soldat oder als Polizeihund, der seinen Halter immer nach Kräften bei der Jagd nach Verbrechern unterstützt.

Der Deutsche Schäferhund ist eine der vielseitigsten Hunderassen. Sein wahres Potenzial wird heute noch nicht vollständig ausgeschöpft.

3 Grundlagen für die Anschaffung und Haltung eines Deutschen Schäferhundes

Jetzt haben Sie schon viele allgemeine Dinge über den Deutschen Schäferhund und seine Bedürfnisse erfahren. In diesem Kapitel erhalten Sie nun Tipps, wo Sie einen gesunden und wesensfesten Deutschen Schäferhund kaufen können und was Sie bei der Haltung des Hundes im Speziellen beachten müssen.

3.1 Sorgenfreie Anschaffung

In verschiedenen Studien in Österreich wird immer wieder festgestellt, dass die Deutschen Schäferhunde in der Statistik der Bisse immer auf den oberen Rängen zu finden sind. Auch bei Mischlingen beißen viele Schäferhundmischlinge häufig zu. Doch woran liegt das? Der Deutsche Schäferhund ist doch ein Begleithund mit einem gutmütigen und freundlichen Wesen. Er zeigt unter normalen Umständen keine Nervosität und Angst und zeichnet sich durch einen wesensfesten Charakter aus.

Wenn Sie einen Deutschen Schäferhund kaufen wollen, dürfen Sie eines nicht außer Acht lassen: Der Deutsche Schäferhund war und ist noch immer ein Arbeitshund. Auch wenn die intelligenten Hunde sich gerne in eine Familie einfügen, benötigen sie eine Aufgabe.

Die hochintelligenten und zu starken Leistungen befähigten Hunde brauchen eine ständige und konsequente Erziehung, damit sie ein ausgeglichenes Leben führen können. Der Deutsche Schäferhund kann nämlich nicht nur arbeiten, er will das auch unbedingt tun.

Fristet der Hund in einer Wohnung ein Leben ohne Aufgaben und Abwechslung, gewinnen negative Wesenszüge die Oberhand. Der Deutsche Schäferhund ist gelangweilt und sucht sich eine Aufgabe, um sich die Zeit zu vertreiben. Da er nicht ausgelastet ist, reagiert der Hund gestresst und nervös. Bei einer unerwünschten Annäherung von fremden Personen kommt es zu einer Überreaktion. Der Hund verteidigt sich ohne für die Menschen sichtbare Notwendigkeit und beißt zu.

Damit der Deutsche Schäferhund ein sicheres Wesen ausbildet, muss die Sozialisierung schon früh, am besten in den ersten Lebenswochen beim Züchter, beginnen. Hat der Hund keinen ausreichenden Kontakt mit Menschen und anderen äußeren Reizen, kann er später nicht gelassen auf seine Umwelt reagieren. Die Zeit der Prägungsphase ist nicht mehr nachzuholen. Der Hund lernt zwar, sich anzupassen, ist aber immer etwas misstrauisch.

Ein billiger Kauf ist nie ein Vorteil

Hundewelpen werden auch im Internet oder aus dem Kofferraum auf Parkplätzen angeboten. Aus Mitleid oder wegen des günstigen Kaufpreises werden die Welpen den Händlern abgenommen. Dabei sind solche Käufe nie günstig.

Die Welpen stammen aus Zuchtstationen, in denen die Hundemütter als Gebärmaschinen gehalten werden. Eine gute Sozialisierung findet nicht statt. Die Hunde wachsen in der reizarmen Umgebung eines Zwingers auf und haben kaum Kontakt zu Menschen. Meistens sind die bei dem Kauf übergebenen Papiere gefälscht. Impfungen und Entwurmungen wurden nicht durchgeführt.

Die Welpen werden schon mit vier bis sechs Wochen von der Mutter getrennt. Einige der Welpen benötigen noch Muttermilch und sind nicht in der Lage, selbstständig zu fressen.

Durch die schlechten hygienischen Bedingungen sind die Welpen nicht nur mit Parasiten, sondern auch mit verschiedenen Krankheitserregern infiziert. Sie werden bereits krank übergeben oder erkranken wenige Tage nach der Übernahme.

Durch die Behandlungen bei einem Tierarzt entstehen hohen Kosten. Häufig versterben die Welpen. Das ist besonders schlimm, wenn die Familie die kleinen Hunde bereits ins Herz geschlossen hat.

Der illegale Kauf von Welpen verursacht nicht nur Leid bei den Käufern. Es erleichtert auch nicht die Situation der Hunde in den Gebärstationen. Solange ein Markt für billige Welpen existiert, wird diese „Produktion" nicht gestoppt werden. Den Händlern geht es nicht um das Wohl der Hunde, sondern nur um einen möglichst großen Profit. Welpen, die nach dem Grenzübertritt nicht verkauft wurden, werden einfach – wie nicht mehr benötigte Ware – weggeworfen.

Adoption aus einem Tierheim

Sie möchten einem Hund eine zweite Chance geben? Erkundigen Sie sich in dem lokalen Tierheim oder bei einem Tierschutzverein, ob ein Deutscher Schäferhund abzugeben ist. Viele Tiere verlieren ihren Platz, da die Besitzer wegen geänderter Lebensumstände nicht mehr für sie sorgen können.

Meistens finden Sie in Tierheimen erwachsene Deutsche Schäferhunde. Sie können den Hund und seine Eigenarten in Ruhe kennenlernen, indem Sie mit dem Vierbeiner regelmäßige Spaziergänge unternehmen.

Für den Kauf müssen nur geringere Kosten aufgewendet werden. Sie erhalten einen Hund, der von einem Tierarzt untersucht, geimpft und gechipt wurde. In einigen Gemeinden in Deutschland sind Sie durch die Adoption eines Hundes aus dem örtlichen Tierheim für einige Monate von der Bezahlung der Hundesteuer befreit.

Auf der Website https://www.schaeferhundseite.de/schaeferhund-in-not-aus-dem-tierheim/ finden Sie Deutsche Schäferhunde, die in Not sind und in einem Tierheim auf ein neues Zuhause und eine liebevolle Familie warten.

Einen Deutschen Schäferhund bei einem Züchter kaufen

Wenn Sie einen Deutschen Schäferhund-Welpen in Ihre Familie aufnehmen wollen, sollten Sie sich an einen geprüften Hundezüchter, der Mitglied im Internationalen Kynologenverband ist, wenden. Bei den Untergruppen des Verbandes erhalten Sie eine Liste der Züchter. Sie können Würfe auf der Website einsehen und sich bei einem Züchter um einen Hund bewerben.

Vor der Deckung der Hündin ist der Züchter verpflichtet, die Paarung und die Daten des Rüden und der Hündin bei dem Verein zu melden. Beide Elterntiere müssen alle von dem Verein verlangten Untersuchungen auf Erbkrankheiten besitzen. Nach der Geburt wird der Wurf veröffentlicht. Die Welpen müssen von einem Tierarzt untersucht, entwurmt und geimpft werden. Die Untersuchung auf Erbkrankheiten erfolgt im jeweiligen dafür vorgesehenen Alter. Nähere Informationen für Erbkrankheiten, die häufig bei einem Deutschen Schäferhund auftreten, finden Sie im Kapitel „Alles rund um die Gesundheit".

Der Kauf eines Deutschen Schäferhundes bringt viele Vorteile:

- Der Welpe ist untersucht und geimpft.
- Nach dem Chippen stellt der Tierarzt einen offiziellen Impfausweis aus.

- In den Papieren des Zuchtverbandes sind die Daten der Eltern und Großeltern des Hundes und aufgetretene Erbkrankheiten enthalten.
- Der Hundezüchter haftet für Erbkrankheiten, die erst zu einem späteren Zeitpunkt auftreten – im Rahmen der Gewährleistung.
- Die Welpen bleiben bis zur zwölften Woche bei ihrer Mutter.
- Die Welpen werden gut sozialisiert.
- Sie können den Welpen bereits früh kennenlernen und sehen auch, unter welchen Umständen die Mutterhündin gehalten wird.
- Bei Fragen nach dem Kauf steht der Züchter weiter zur Verfügung.

Hier finden Sie die Adressen von Hundezüchtern Deutscher Schäferhunde:

https://www.schaeferhunde.de
https://www.vdh.de/welpen/zuechter?id=159
https://www.svoe-schaeferhund.at/index.php/kaufinfo
http://www.fci.be/de/statistics/ByNco.aspx?iso=DE

Wie können Sie erfolgreiche Züchter von Deutschen Schäferhunden erkennen?

Erfolgreiche Züchter werden vom Verein für Deutsche Schäferhunde ausgezeichnet. Mit dem goldenen, silbernen oder bronzenen Züchterabzeichen des Vereins der Deutschen Schäferhunde werden ausschließlich jene Mitglieder ausgezeichnet, die sich für die Zucht der Deutschen Schäferhunde besonders einsetzen. Voraussetzung für die Auszeichnung ist eine saubere und einwandfreie Haltung der Hunde und sportliches Verhalten. Zusätzlich ist auch ein Einsatz in der Jugendarbeit erwünscht.

Eine Liste der vom Verein für Deutsche Schäferhunde ausgezeichneten Züchter finden Sie, nach Bundesländern geordnet, im Internet unter folgendem Link:

https://www.schaeferhunde.de/der-deutsche-schaeferhund/zucht-und-aufzucht/erfolgreiche-zuechter

Worauf Sie beim Kauf eines Deutschen Schäferhundes achten sollten:

- Der Hundezüchter sollte Mitglied beim Verein Deutscher Schäferhunde und beim FCI sein.
- Die Welpen sollten schon vor der Abgabe besucht werden können.
- Die Mutterhündin sollte beim Besuch anwesend sein. Eventuell können Sie auch den Vater der Welpen kennenlernen.
- Die Welpen sind untersucht, gechipt, geimpft und entwurmt.
- Im Abstammungsnachweis finden Sie die Daten der Eltern und Großeltern.
- Eventuell aufgetretene Erbkrankheiten bei früheren Generationen sind in den Züchterpapieren angeführt.
- Die von dem Verein vorgeschriebenen Untersuchungen auf Erbkrankheiten wurden bei den Elterntieren durchgeführt.
- Die Welpen haben bereits beim Züchter Kontakt zu Menschen.
- Die Welpen werden von dem Züchter sozialisiert.
- Die Welpen sind neugierig und aufgeweckt.

Welche Voraussetzungen müssen Sie erfüllen, um einen Welpen von einem Züchter zu erhalten?

Die Bewerbung um einen Welpen ist keine Garantie, dass Sie von dem Züchter einen Hund erhalten. Gute Züchter erkundigen sich danach, ob Sie dem Hund ein tiergerechtes Hundeleben bieten können.

- Sie benötigen genügend Zeit für den Deutschen Schäferhund.
- Die ganze Familie ist bereit, Verantwortung für den Deutschen Schäferhund zu übernehmen.
- In der Familie dürfen keine Allergien auf Hundehaare aufgetreten sein.
- Sie können die Kosten für die Haltung des Deutschen Schäferhundes finanzieren.
- Wer kümmert sich um den Hund, wenn Sie auf Geschäftsreise oder in den Urlaub fahren?
- Darf ein Deutscher Schäferhund in der Wohnung gehalten werden?

Rüde oder Hündin: eine wichtige Entscheidung vor dem Kauf

Auch wenn die Grundlagen des Wesens und des Verhaltens bereits in der Sozialisierungsphase gelegt werden, bilden sich in der Zeit der Geschlechtsreife einige Unterschiede zwischen einem Rüden und einer Hündin aus.

Ist die Hündin läufig, sucht sie Kontakt zu männlichen Hunden. Der Auslaufplatz oder die Hundeschule darf in dieser Zeit nicht besucht werden, damit die anderen Hunde nicht gestört werden. In der Wohnung finden sich am Boden immer wieder Blutstropfen, die weggewischt werden müssen. Die Hündin darf während der Läufigkeit nicht frei laufen, da sie ihren Hormonen folgt und ohne Rücksicht auf den Hundehalter einen Partner für die Paarung sucht. Nach der Läufigkeit kann die Scheinträchtigkeit auftreten. Das Gesäuge schwillt an, aus den Zitzen wird Milch abgesondert. Jetzt ist ein Tierarztbesuch notwendig. Während die Läufigkeit bei der Hündin zweimal im Jahr auftritt, sind die Rüden immer an einer paarungsbereiten Hündin interessiert.

Rüden sind bei dem Kontakt mit anderen Rüden störrischer und verteidigen eventuell ihr Revier.

Auch im Rudel bestehen Unterschiede zwischen weiblichen und männlichen Tieren. Die Spitze bilden der Alpha-Rüde und die Alpha-Hündin. Die anderen männlichen Hunde ordnen sich dem Alpha-Rüden, die weiblichen Hunde der Alpha-Hündin unter. In einem menschlichen Haushalt besteht eine ähnliche Struktur. Ein Rüde wird sich eher der männlichen Bezugsperson unterordnen. Bei Hündinnen ist das Problem weniger ausgeprägt. Hier ist es besonders wichtig, sich bereits vor dem Kauf eines Deutschen Schäferhundes dafür zu entscheiden, dass alle Familienmitglieder in die Erziehung miteinbezogen werden und auch gemeinsam den Hund in die Hundeschule begleiten.

Beim Spazierengehen entleeren Hündinnen ihre Blase sofort. Beim späteren Markieren werden nur noch Tropfen von Harn abgesetzt. Rüden setzen mehrmals Harn ab. Sie benötigen häufigere und längere Spaziergänge als Hündinnen.

Auch in Bezug auf das Verhalten gegenüber fremden Welpen bestehen Unterschiede zwischen einem Rüden und einer Hündin. Männliche Hunde verhalten sich auch gegenüber fremden Welpen aufgeschlossen und tolerant. Bei Hündinnen ist das anders. Das kann sogar so weit gehen, dass die Hündin fremde Welpen nicht in ihrer Nähe duldet.

Im Prinzip können die geringfügigen Unterschiede einfach durch eine gute Erziehung ausgeglichen werden. Wenn Sie die Welpen bei dem Züchter besichtigen, können Sie auch eine Bauch-Entscheidung treffen. Beobachten Sie die Welpen. Es kommt auch darauf an, welchem kleinen Hund Sie sympathisch sind. Ein Welpe, der immer vor Ihnen zurückweicht, ist sicher keine gute Entscheidung.

Wie alt soll der Deutsche Schäferhund beim Kauf sein?

Das Alter des Hundes ist bei der Entscheidung für den Kauf ein wichtiges Kriterium. Ein Welpe besitzt noch keinen vollständig ausgebildeten Charakter. Er muss erst die Regeln in der Familie durch Erziehung kennenlernen.

Welpen sind noch nicht stubenrein. Sie benötigen für die Eingewöhnung mehr Zeit. Die Welpen müssen alle zwei Stunden kurz nach draußen gebracht werden, damit sie lernen, die Wohnung nicht mit Harn und Kot zu verunreinigen. Meistens dauert es einige Wochen, bis die Welpen gelernt haben, stubenrein zu sein. In den folgenden Wochen passiert wahrscheinlich hin und wieder ein kleines Malheur. Der Welpe oder der Junghund verliert bei Aufregung Harn. Erst im Alter von fünf bis sechs Monaten haben die Deutschen Schäferhunde die vollständige Beherrschung über den Schließmuskel der Blase erlangt.

Bei einem erwachsenen Deutschen Schäferhund sind der Charakter und die Eigenarten bereits voll ausgebildet. Der Hund ist stubenrein und lernt durch konsequente Erziehung, sich an seine neue Familie anzupassen.

Wie lange der Aufbau einer Bindung zu dem Hund dauert, ist nicht so sehr von dem Alter, sondern von den bisherigen Erfahrungen des Hundes abhängig. Hier wird bei einem ausgewachsenen Deutschen Schäferhund mehr Geduld notwendig sein.

Vor dem Kauf müssen die Kosten kalkuliert werden

Bevor Sie sich für den Kauf eines Deutschen Schäferhundes entscheiden, sollten Sie alle dadurch entstehenden Kosten gut durchrechnen. Es müssen ja nicht nur der Anschaffungspreis für den Deutschen Schäferhund, sondern auch die laufenden Kosten für das Futter und den Tierarzt berechnet werden.

Anschaffungskosten:

Für den Kauf eines Welpen bei einem Züchter müssen Sie mit durchschnittlich 600 bis 1.200 Euro rechnen. Der Preis ist abhängig von der Abstammung und Prämierung der Elterntiere. Der Welpe ist bereits gechipt, entwurmt und hat die erste Impfung erhalten.

Aber auch ein erwachsener Deutscher Schäferhund aus dem Tierheim ist nicht kostenlos. Da auch die Tierheime Aufwendungen wie Futter und Behandlung der Hunde haben, werden diese nur gegen eine Schutzgebühr abgegeben. Zusätzliche Spenden sind natürlich jederzeit willkommen. Hunde, die aus einem Tierheim abgegeben werden, sind gechipt, untersucht, entwurmt und geimpft.

Kosten für die Erstausstattung, die der Deutsche Schäferhund benötigt:

Futterschüssel und Wasserschüssel: je ab 15 Euro
Liegebett für große Hunde: ab 40 Euro

Decke: 15 bis 25 Euro

Halsband: ab 25 Euro

Brustgeschirr: ab 30 Euro

Leine: ab 25 Euro

Einfache Sicherung durch ein Gitter bei der Autofahrt: ab 30 Euro

Transportkäfig für Autofahrten: ab 150 Euro

Bürste: ab 15 Euro

Kamm: ab 10 Euro

Spielzeug: ab 10 Euro

Laufende Kosten für die Haltung eines Deutschen Schäferhundes:

Hundesteuer: Sie wird von jeder Gemeinde in unterschiedlicher Höhe festgesetzt. Durchschnittlich betragen die Kosten für die Hundesteuer zwischen 60 und 120 Euro jährlich.

Futter: ab 40 Euro pro Monat

Snacks: ab 20 Euro pro Monat

Hundehaftpflichtversicherung: ungefähr 60 Euro pro Jahr. Die Hundehaftpflichtversicherung für einen Deutschen Schäferhund ist nicht in jedem deutschen Bundesland gesetzlich vorgeschrieben. In Österreich gibt es generell keine gesetzliche Verpflichtung, eine Hundehaftpflichtversicherung abzuschließen. Da ein Hund bei einem Autounfall oder der Verletzung eines Menschen und der Beschädigung von Gegenständen größere Schäden verursachen kann, ist der Abschluss einer Hundehaftpflichtversicherung auf alle Fälle empfehlenswert.

Tierarzt: Der Deutsche Schäferhund muss jährlich untersucht, entwurmt und geimpft werden. Zusätzlich können noch weitere Tierarztkosten durch die Behandlung von Krankheiten oder Verletzungen entstehen. Um nicht einen höheren Geldbetrag, zum Beispiel für eine Operation, finanzieren zu müssen, empfiehlt sich der Abschluss einer Krankenversicherung für Tiere. Abhängig von der Deckungssumme müssen Sie ungefähr 35 Euro pro Monat für die Versicherung einplanen.

Ersatz für Spielzeug oder andere Ausstattung: Legen Sie pro Monat 25 Euro zurück, damit Sie im Bedarfsfall Geld für ein neues Hundebett, eine Leine oder Spielzeug zur Verfügung haben.

Hundesport: Für das regelmäßige Training auf dem Hundesportplatz muss eine monatliche Mitgliedsgebühr bezahlt werden. Die Höhe ist abhängig von der ausgeübten Sportart.

Hundesitter: Wenn Sie einmal länger von zu Hause abwesend sind, benötigen Sie einen Hundesitter, der mit dem Deutschen Schäferhund spazieren geht und für Abwechslung sorgt. Pro Stunde fallen durchschnittlich Kosten ab 30 Euro an.

Sie haben jetzt alle Punkte bedacht und sich für die Aufnahme eines Deutschen Schäferhundes in die Familie entschieden? Dann sind die nächsten Kapitel, in denen Sie Informationen über Haltung, Pflege und Gesundheit des Hundes erhalten, besonders wichtig für Sie.

3.2 Artgerechte Haltung und Pflege

Damit der Deutsche Schäferhund ein glückliches und tiergerechtes Hundeleben führen kann, müssen die Bedürfnisse des Hundes beachtet werden. Denn nur ein gut ausgelasteter Deutscher Schäferhund ist auch in der Lage, ruhig und gelassen auf alle möglichen Situationen zu reagieren und allen Menschen und anderen Tieren freundlich zu begegnen.

Die Ernährung des Deutschen Schäferhundes

Der Deutsche Schäferhund ist wie alle Hunde kein reiner Fleischfresser. Der Hund gehört zu den Omni-Carnivoren. Das bedeutet, dass der Vierbeiner neben Fleisch auch Gemüse, Obst und einen kleinen Anteil an Kohlenhydraten benötigt.

Eine gesunde und ausgewogene Ernährung ist für den Deutschen Schäferhund sehr wichtig, da das Futter die Lebenserwartung stark beeinflusst.

Welche Ernährungsformen gibt es?

Über die korrekte Fütterung eines Hundes wird von den Hundehaltern immer stärker diskutiert. Folgende Möglichkeiten stehen zur Auswahl:

- Nassfutter
- Trockenfutter
- Barfen
- Vegane Ernährung

Welche Fütterungsvariante Sie wählen, hängt grundsätzlich von den Bedürfnissen des Hundes und Ihren eigenen Vorlieben ab. Für jedes Futter gilt, dass es alle notwendigen Nährstoffe enthalten muss und dem Deutschen Schäferhund die notwendige Energie für seine

Unternehmungen liefert. Obwohl Schäferhunde durch ihr aktives Temperament nicht zu Übergewicht neigen, sollte in dem Futter kein Zukker enthalten sein.

Vorteile und Nachteile von Nassfutter

Die Fütterung des Deutschen Schäferhundes mit Nassfutter bietet viele Vorteile, aber auch Nachteile. In dem industriell hergestellten Futter ist viel Wasser enthalten, das den Körper des Deutschen Schäferhundes mit ausreichend Flüssigkeit versorgt und die Funktion der Nieren unterstützt. In dem feuchten Futter sind die Geruchsstoffe und Geschmacksstoffe gelöst. Das Futter riecht für den Hund attraktiver. Auch ältere Hunde sind in der Lage, den Geruch des Futters trotz eines eingeschränkten Geruchssinns gut wahrzunehmen. Nassfutter enthält eine geringere Menge an Energie als Trockenfutter. Frisst der Deutsche Schäferhund zu viel, lagern sich nicht so schnell Fettdepots ab wie bei Trockenfutter. Bei Problemen mit den Zähnen und einer Entzündung des Zahnfleischs fällt es dem Deutschen Schäferhund leichter, Nassfutter zu fressen als Trockenfutter. Das Feuchtfutter kann direkt in kleinen Bröckchen geschlungen werden.

Nassfutter hat aber auch Nachteile. Der Deutsche Schäferhund setzt bei einer Fütterung mit Nassfutter größere Kotportionen ab. Ein Problem, das vor allem bei der Haltung in der Stadt wichtig ist. Durch die Abfüllung in Dosen oder Pouches entsteht viel Abfall, der entsorgt werden muss. Hier wäre die Lösung, auf in Gläsern abgefülltes Feuchtfutter auszuweichen. Bei der Kennzeichnung von Nassfutter werden nicht immer alle Inhaltsstoffe in der Zusammensetzung angeführt. Häufig findet sich der Begriff Fleisch, davon x% Rind. Sie können nicht feststellen, welches Fleisch noch in der Dose enthalten ist.

Im Handel ist Nassfutter in den verschiedensten Qualitäten erhältlich. Dabei ist nicht immer der Preis ein Zeichen für gute Qualität. Achten Sie darauf, dass das Futter Muskelfleisch, Innereien und Gemüse enthält. Der Getreideanteil sollte nicht zu hoch sein. Zucker darf nicht enthalten sein.

Vorteile und Nachteile von Trockenfutter

Trockenfutter ist wesentlich einfacher zu lagern als Nassfutter. Sie benötigen weniger Platz und die Haltbarkeit ist länger. Häufig ist das geruchsarme Trockenfutter günstiger als Nassfutter. In den Urlaub oder auf Ausflügen kann Trockenfutter leichter mitgenommen werden.

Trockenfutter hat viele Vorteile:

Der Deutsche Schäferhund setzt weniger Kot ab. Die Bröckchen enthalten mehr Energie als Nassfutter. Das bedeutet, dass Sie kleinere Portionen füttern können. Verstreut der Hund sein Futter rund um die Schüssel, können bei Trockenfutter die Reste leichter beseitigt werden. Die Einsatzmöglichkeiten von Trockenfutter sind vielfältig. Abgesehen von der normalen Futterportion, können die Stücke auch als Leckerli beim Training verwendet werden. Wenn Ihr Hund kaut, wird die Reinigung der Zähne durch das Trockenfutter gefördert. Allerdings schlingen die meisten Hunde ihr Futter hinunter, ohne es zu zerkauen. Wenn der Hund kaut, kaut er nur mit den mittleren Backenzähnen. Die Fangzähne und die hinteren Backenzähne werden nicht zum Kauen eingesetzt und können dadurch auch nicht durch das Futter gereinigt werden.

Da weniger Material für die Verpackung benötigt wird, schont das Trockenfutter die Umwelt.

Aber die Fütterung von Trockenfutter hat auch Nachteile. Da die Futterbrocken kaum riechen und auch nur wenig Eigengeschmack vorhanden ist, müssen Geschmacksverstärker bei der Produktion zugesetzt werden, damit die Hunde das Futter annehmen. Die harten Stückchen können von Welpen oder Seniorhunden mit Zahnproblemen nicht so gut gekaut werden.

Nach dem Fressen benötigt der Deutsche Schäferhund eine große Portion Wasser. Das Trockenfutter quillt im Magen auf. Das Risiko für eine Magendrehung ist dadurch erhöht. Hier besteht natürlich die

Möglichkeit, das Trockenfutter kurz vor der Fütterung in einer kleinen Menge Wasser quellen zu lassen.

In den meisten Trockenfutter-Sorten sind hohe Mengen an Getreide enthalten. Nicht immer sind alle Inhaltsstoffe genau auf der Verpackung angegeben.

Selbstverständlich ist im Tierhandel auch Trockenfutter ohne Getreide erhältlich. Hier wird das Getreide durch Erbsen oder Kartoffeln ersetzt. Erbsen bieten aber nicht nur viel pflanzliches Eiweiß und Energie. Wenn Sie eine Deutsche Schäferhündin halten und mit ihr züchten wollen, können die Inhaltsstoffe der Erbsen eine erfolgreiche Deckung erschweren.

Bevorzugt der Deutsche Schäferhund Nassfutter oder Trockenfutter?

Ob Ihr Deutscher Schäferhund Nassfutter oder Trockenfutter bevorzugt, hängt davon ab, welches Futter er bei dem Züchter erhalten hat. Am Anfang sollte dasselbe Futter gefüttert werden, damit der Welpe durch die Futterumstellung nicht zusätzlich unter Stress leidet. Nach einigen Monaten kann das Futter langsam umgestellt werden.

Die geschmacklichen Vorlieben für ein bestimmtes Futter werden schon in der Saugphase der Welpen gelegt. Mit der Muttermilch werden von der Mutterhündin Geschmacksstoffe des Futters an die Welpen weitergegeben. Wird die Mutterhündin abwechslungsreich gefüttert, ist es später auch einfacher, bei dem Welpen das Futter zu wechseln.

BARF: biologisch artgerechtes rohes Futter

Hundehalter, die barfen, wollen Ihrem Hund ein möglichst naturnahes Futter bieten. Die Ernährung setzt sich aus rohem Fleisch, Fisch, Innereien, Knochen, Gemüse und Obst zusammen. Als Getreide können Nudeln, Kartoffeln oder Reis verwendet werden.

Die Zusammenstellung der Futterration ist zeitaufwendig und erfordert viele Kenntnisse über den Nährstoffbedarf der Hunde. Die Zubereitung ist zeitaufwendiger als das Öffnen einer Dose.

Um den Zeitaufwand zu begrenzen, sind im Tierhandel fertige Barf-Rationen erhältlich, die dem Hund alle benötigten Nährstoffe bieten. Sie müssen das Fleisch und Gemüse nicht mehr zusätzlich mit Ölen, Kalzium oder anderen Stoffen anreichern.

Welpen zu barfen, ist schwieriger als eine Barf-Fütterung bei erwachsenen Hunden. Die Welpen benötigen eine andere Nährstoffzusammensetzung als ein ausgewachsener Deutscher Schäferhund. Sie müssen vor allem auf den Gehalt an Mineralstoffen, Spurenelementen und Vitaminen achten. Da sich auch die Muskulatur noch ausbilden muss, benötigt der Welpe mehr Eiweiß als der erwachsene Hund. Werden beim Welpen Fehler in der Nährstoffzusammensetzung gemacht, leidet der Hund das restliche Leben unter Problemen mit den Gelenken, Knochen und Zähnen.

Ein zu hoher Gehalt an Eiweiß und Vitamin D kann außerdem die Ausbildung einer Hüftgelenksdysplasie, einer Erbkrankheit mit Missbildung des Hüftgelenks, fördern.

Ein wesentlicher Vorteil des Barfens liegt darin, dass Sie alle Bestandteile des Hundefutters kennen. Sie können auf die Vorlieben Ihres Vierbeiners oder später auf eventuelle Allergien besser Rücksicht nehmen.

Wie jede Fütterung bestehen natürlich auch bei dem Barfen Nachteile. Durch die Fütterung von rohem Fleisch können Salmonellen und Toxin bildende Escherichia coli auf den Hund übertragen werden. Auch eine Übertragung von Viren wie dem Aujeszky-Virus ist möglich. Ist die Ernährung häufig zu einseitig, tritt schnell ein Mangel an Nährstoffen ein. Es können auch Verdauungsprobleme wie Durchfall oder Verstopfung auftreten.

Die vegane Fütterung des Deutschen Schäferhundes

Deutsche Schäferhunde sind Allesfresser. Es ist durchaus auch möglich, die Hunde vegan zu ernähren. Im Tierhandel erhalten Sie veganes Trockenfutter und Nassfutter.

Die vegane Ernährung ist aber eine Ernährung, die durch den Lebensstil des Menschen entstanden ist. Natürlich ist es möglich, einen Hund vegan zu füttern. Die so ernährten Hunde führen ebenso ein langes und gesundes Hundeleben wie Hunde, die Fleisch erhalten. Wie weit eine vegane Ernährung des Hundes einer tierschutzgerechten Ernährung entspricht, muss jeder Hundehalter für sich selbst beurteilen.

Ist Getreide für Hunde ebenso ungesund wie für Wölfe?

Wölfe ernähren sich hauptsächlich von Fleisch, Innereien, Knochen und Kräutern. Diese natürliche Fütterung kann aber auf die heutigen Hunde nicht mehr angewendet werden. Hunde leben seit Tausenden von Jahren mit Menschen zusammen. Sie haben ihre Ernährungsgewohnheiten an die der Menschen angepasst. Im Laufe der Zeit fand dadurch eine genetische Veränderung statt, die es den Hunden ermöglicht, Getreide besser zu verdauen und verwerten zu können als Wölfe. Während des Mittelalters wurden Arbeitshunde vorwiegend mit einem Brei aus Getreide gefüttert. Fleisch war in ihrem Napf nicht zu finden. Nur in den Adelshäusern konnten die Hunde manchmal auch in den Genuss von Fleisch und Knochen kommen.

Warum aber reagieren unsere heutigen Hunde zunehmend allergischer auf Getreide, vor allem auf Weizen?

Das heutige Getreide, das für die Ernährung von Menschen und Hunden verwendet wird, entspricht nicht mehr dem früheren Getreide. Vor allem Weizen wurde durch Züchtung genetisch verändert, um die Empfindlichkeit gegenüber Schädlingen zu verringern. Die neuen Getreidesorten lösen auch mehr Allergien aus als ursprüngliche Sorten.

Meistens wird dem Futter nicht nur ein hoher Getreideanteil, sondern auch Soja zugesetzt. Dadurch sinken die Produktionskosten des Futters, der Hersteller erhält höhere Gewinne. Soja fördert allerdings das Risiko für das Entstehen von Allergien.

Wie kann eine Futterumstellung erfolgen?

Das Hundefutter sollte nie schnell gewechselt, sondern immer langsam umgestellt werden. Die Bakterienflora im Darm muss sich erst an die Zusammensetzung des neuen Hundefutters gewöhnen. Bei einer zu plötzlichen Umstellung treten Durchfälle auf, da das Fett und Eiweiß im Futter nicht ausreichend abgebaut werden können.

Mischen Sie in der Anfangsphase der Futterumstellung einen bis zwei Löffel des neuen Futters unter das gewohnte Futter. Steigern Sie den Anteil des neuen Futters in den nächsten Wochen langsam. Nach drei bis vier Wochen ist die Futterumstellung ohne Probleme gelungen.

Die richtige Ernährung des Deutschen Schäferhundes

Fleisch, Fisch, Gemüse und Obst sollten in einer gesunden Mischung für die Fütterung verwendet werden. Beschränken Sie den Einsatz von Getreide, auch von Getreideflocken, möglichst auf ein Minimum, da der Deutsche Schäferhund zu Futtermittelallergien neigt. Vor allem bei der Fütterung von Welpen sollte auf Getreide möglichst verzichtet werden.

Gestalten Sie das Futter abwechslungsreich. Wechseln Sie auch bei den Fleischsorten ab. Landet immer dasselbe Fleisch im Napf, entstehen leichter Allergien als bei einer abwechslungsreichen Fütterung. Die Verträglichkeit von Milchprodukten wie Joghurt oder Käse muss ausgetestet werden. Probieren Sie, wie Ihr Hund auf eine kleine Menge der Milchprodukte reagiert. Bezüglich der Laktosetoleranz bestehen große individuelle Unterschiede.

Die Größe der Futterportion ist von verschiedenen Faktoren abhängig:

- Alter des Hundes
- Größe des Hundes
- Aktivität
- Gesundheitszustand
- Menge der zusätzlichen Leckerli
- Art des verwendeten Futters
- Wurde der Hund kastriert: Nach der Kastration verlangsamt sich der Stoffwechsel des Deutschen Schäferhundes durch das Wegfallen der Sexualhormone. Das Futter wird besser verwertet.
- Ausgangsgewicht des Hundes

Diese Futtermittel sind für den Deutschen Schäferhund geeignet:

- **Muskelfleisch:** Huhn, Pute, Rind, Kalb, Pferd. Schweinefleisch sollte nicht gefüttert werden.
- **Fleischknochen und Knorpel:** Die Knochen dürfen nicht gekocht werden, da sie sonst vom Hund nicht verdaut werden und das Risiko einer Knochenkotverstopfung besteht.
- **Fisch:** möglichst filetiert ohne Gräten
- **Innereien:** Leber, Milz, Herz
- **Milchprodukte:** Naturjoghurt, Hüttenkäse, Magertopfen, nicht salziger Schnittkäse
- **Kartoffeln:** nur gekocht
- **Nudeln**
- **Reis**
- **Haferflocken**
- **Leinsamen**
- **Gemüse:** Karotten, Brokkoli, Zucchini, gekochte Erbsen, rote Rüben, Sauerkraut, Mangold, geringe Mengen an Spinat, Paprika und Tomaten, Salat

- **Obst:** Äpfel, Birnen, Bananen, Himbeeren, Erdbeeren, Blaubeeren, Melone
- **Eier:** In rohem Zustand sollte nur der Eidotter verwendet werden.
- **Öle:** Lachsöl, Hanföl, Leinöl
- **Nüsse:** Walnüsse oder Haselnüsse liefern wertvolle Fettsäuren und Mineralstoffe.

Mit einer abwechslungsreichen Ernährung des Deutschen Schäferhundes kann einem Mangel an Nährstoffen vorgebeugt werden.

Diese Futtermittel sind für den Deutschen Schäferhund nicht geeignet:

- **Zwiebel und Knoblauch:** Sie wirken hämolytisch, die roten Blutkörperchen werden zerstört.
- **Schweinefleisch:** Durch rohes Schweinefleisch kann das Aujeszky-Virus übertragen werden.
- **Schokolade:** Sie enthält Theobromin und kann einen Herzstillstand verursachen.
- **Kaffee:** Er enthält Theobromin und Koffein.
- **Speiseeis:** Die Kälte kann eine Gastritis, eine Entzündung des Magens, verursachen.
- **Avocado:** Persin verursacht eine Schädigung des Herzmuskels.
- **Weintrauben und Rosinen:** Sie verursachen bei einigen Hunden Kreislaufprobleme.
- **Rohe Bohnen:** Phasin verursacht Blähungen und Bauchkrämpfe. Phasin wird erst durch Kochen über mindestens 30 Minuten zerstört.
- **Rhabarber:** Die enthaltenen Oxalate binden das Kalzium. Entzündungen des Verdauungstraktes und eventuell Herzprobleme sind die Folge.
- **Tomaten, Paprika:** Sie enthalten Solanin. Werden sie in größeren Mengen gefüttert, treten Durchfall und Erbrechen auf. Gekocht können rote Paprika und Tomaten in kleinen Mengen gefüttert werden.

Grüne Paprika, die besonders viel Solanin enthalten, dürfen nie gefüttert werden.

- **Auberginen:** Sie sollten wegen des hohen Gehalts an Solanin ebenfalls vermieden werden.
- **Grünkohl und Blumenkohl:** Sie verursachen Blähungen.
- **Milch:** Viele Hunde vertragen Milchzucker, Laktose, nicht und reagieren auf das Trinken von Milch mit Blähungen und Durchfall.
- **Birkenzucker, Xylit:** Der Zuckerersatz verursacht Leberschäden. Schon geringe Mengen sind ausreichend, um den Hund zu töten.

Wie können Sie ein gutes Futter für Ihren Deutschen Schäferhund erkennen?

- Auf der Verpackung sind alle Inhaltsstoffe genau angeführt.
- Das Futter enthält keinen Zucker und nur einen kleinen Anteil an Getreide.
- Farbstoffe und Aromastoffe sind nicht enthalten.
- Es werden bei der Produktion des Futters nur Fleischstücke und Innereien in Lebensmittelqualität verwendet.

Worauf sollten Sie bei der Fütterung eines Deutschen Schäferhundes nach der Kastration achten?

Nach der Kastration sinkt der Energiebedarf des Hundes um 25 Prozent. Gleichzeitig bleibt der Appetit des Vierbeiners unverändert – oder ist sogar noch gesteigert. Wird das gewohnte Futter weiter gefüttert, erhält der Deutsche Schäferhund jeden Tag zu viel Energie. Es entsteht trotz der Bewegungsfreude des Hundes Übergewicht.

Für kastrierte Deutsche Schäferhunde sollte das Futter einen verringerten Energiegehalt aufweisen. Wird der Hund gebarft, muss die Portionsgröße verringert werden. Ein Hungergefühl kann durch den Zusatz von Futterzellulose vermieden werden.

Zusätzliche Spaziergänge trainieren die Gelenke und Muskeln und helfen, Übergewicht zu vermeiden.

Allgemeine Regeln für die Fütterung eines Deutschen Schäferhundes

Ein regelmäßiger Fastentag ist nicht erforderlich. Um den Verdauungstrakt vollständig zu entleeren, sind mehr als 24 Stunden Hungern notwendig. Der Futterentzug sollte nur vor bestimmten Untersuchungen durch den Tierarzt wie eine Blutuntersuchung oder vor Operationen vorgenommen werden.

Auch bei Entzündungen des Verdauungstraktes mit Erbrechen und Durchfall sollte der Deutsche Schäferhund gar nicht oder nur mit Diätfutter gefüttert werden. Durch den Entzug des Futters kann die Schleimhaut besser heilen.

Dem Deutschen Schäferhund muss immer frisches und sauberes Wasser zur Verfügung stehen. Ist Ihr Hund eher trinkfaul, können Sie die Wasserschüssel erhöht aufstellen. Die höhere Position animiert den Hund zum Trinken.

Die Fellpflege

Das Fell des Deutschen Schäferhundes besteht aus festem Deckhaar und einer dichten Unterwolle. Es ist wetterfest und schützt den Hund im Freien vor Kälte und Regen. Eine intensive Pflege des Fells ist nicht notwendig.

Da die abgestorbenen Haare nicht von selbst aus dem Fell fallen, müssen diese abgestreift werden. Mit einer Bürste oder einem Striegel können lose Haare früh aus dem Haarkleid entfernt werden. Dazu ist es ausreichend, den Vierbeiner ein- oder zweimal in der Woche ausgiebig zu bürsten.

Bei der Pflege des Fells mit einer Bürste wird auch die Haut des Deutschen Schäferhundes massiert. Die Entfernung der losen Haare sorgt für eine gute Durchlüftung. Durch die Massage der Haut wird die Durchblutung gesteigert. Die Hautzellen können sich besser erneuern.

Welche Bürsten und Kämme werden für die Fellpflege des Deutschen Schäferhundes benötigt?

- Bürste mit Naturborsten
- Striegel
- Flohkamm
- Kamm mit rotierenden Zähnen
- Fellpflege-Handschuh

Sind Pflegeprodukte für die Fellpflege notwendig?

Anders als bei langhaarigen Hunden benötigt der Deutsche Schäferhund für die Pflege seines Fells keine Lotionen oder Sprays, die die Haare entwirren. Es genügt, Verschmutzungen und lose Haare auszubürsten, da sich in den Deckhaaren keine Knoten bilden.

Muss der Deutsche Schäferhund gebadet werden?

Regelmäßige Bäder sind für die Pflege des Fells nicht erforderlich. Nur bei übermäßigen Verschmutzungen oder nach dem Wälzen in übel riechenden Substanzen ist ein Bad oft nicht zu vermeiden. Ein zu häufiges Baden verändert den pH-Wert der Haut und zerstört die Fettschicht, die die Haare des Fells schützt. Muss der Vierbeiner unbedingt gebadet werden, sollte ein rückfettendes und hautschonendes Hundeshampoo mit einem leicht sauren pH-Wert verwendet werden. Durch Auftropfen von Ampullen mit ungesättigten Fettsäuren wird der Aufbau eines neuen Säureschutzmantels unterstützt.

Ein erhöhter Glanz des Fells wird bei einem Deutschen Schäferhund vor allem über das Futter erreicht. Eine gesunde und ausgewogene Ernährung ist immer die Basis für ein gesundes und schön glänzendes Fell.

Natürlich kann es auch notwendig sein, den Deutschen Schäferhund aus medizinischen Gründen zu baden. In diesem Fall sollten Sie ausschließlich das von dem Tierarzt empfohlene Hundeshampoo verwenden.

Shampoo für Menschen ist für Hunde generell nicht geeignet, da der pH-Wert nicht dem pH-Wert der Hundehaut entspricht. Auch pH-neutrale Shampoos trocknen die Haut des Deutschen Schäferhundes stark aus und verursachen die Bildung von Hautschuppen.

Worauf muss bei der Fellpflege geachtet werden?

Die Pflege des Fells ist immer auch mit einer Kontrolle der Haut verbunden. Achten Sie beim Bürsten auf Zecken, die sich an dem Hund festgesaugt haben, und auf Flohkot. Hautreizungen wie Rötungen der Haut oder schuppende Stellen sollten immer genauer untersucht und im Bedarfsfall von einem Tierarzt behandelt werden.

Wie können Sie feststellen, ob der Deutsche Schäferhund Flöhe hat?

In den dunklen Deckhaaren ist der Kot der Flöhe nur schwer zu erkennen. Breiten Sie Küchenrolle oder weißes Papier unter dem Hund aus. Kämmen Sie die Haare im Bereich von Bauch, Achseln und Innenschenkeln mit einem Flohkamm durch. Dabei fallen dunkle Punkte auf das Papier. Tropfen Sie Wasser auf die Punkte. Handelt es sich um Schmutz, ist keine Veränderung erkennbar. Kommt Flohkot mit Wasser in Kontakt, löst sich der Punkt in roten Schlieren auf. Das liegt daran, dass Flohkot aus gestocktem, nicht verdautem Blut besteht.

Sie können einen Flohtest auch in einer Apotheke kaufen. Der Test besteht aus einem Löschpapier, das in einem Kunststoff-Rahmen befestigt wird.

Die Fellpflege stärkt die Bindung

Durch das regelmäßige Ritual der Fellpflege wird die Bindung zwischen Ihnen und dem Deutschen Schäferhund verstärkt. Das Bürsten und die dabei durchgeführte Massage der Haut sind für den Vierbeiner angenehm. Er verbindet die Fellpflege mit Streicheleinheiten und genießt die gemeinsame Zeit mit seiner Bezugsperson.

Die Zahnpflege

Damit die Zähne des Deutschen Schäferhundes lange gesund bleiben, benötigen diese eine entsprechende Pflege. Eine natürliche Reinigung des Gebisses ist durch Kausnacks möglich. Durch das Kauen an den festen Snacks wie Rinderhaut oder Kaninchenohren erfolgt eine mechanische Reinigung der Zähne. Beläge, die aus Bakterien und Futterrückständen bestehen, werden zur Seite geschoben und können sich nicht mehr zwischen den Zähnen und dem Zahnfleisch ablagern. Sie erhalten bei dem Tierarzt auch medizinische Zahncremes, die den pH-Wert des Speichels senken. Die Mineralstoffe aus dem Speichel lagern sich bei Verwendung dieser Zahncremes in geringerer Menge an den Zähnen ab.

Um die Zähne gründlich zu reinigen, können Sie eine Zahnbürste für Hunde oder einen Fingerling verwenden. Für Hunde sind im Tierhandel eigene Zahncremes erhältlich, die kein Laurylsulfat enthalten. Der Zahnschmelz wird durch das Putzen nicht beschädigt.

Eine Ultraschall-Zahnbürste ist für Hunde nur bedingt geeignet. Die Vierbeiner hören das Geräusch viel lauter als Menschen. Einige der Hunde reagieren mit Stress auf die Zahnbürste.

Hat sich bereits Zahnstein an den Zähnen abgelagert, muss unbedingt ein Besuch bei einem Tierarzt erfolgen. Dieser entfernt den Zahnstein unter Narkose mit einer Ultraschallsonde. Die Zähne werden anschließend poliert, um kleine Kratzer an der Oberfläche zu entfernen. Dadurch können sich nicht so schnell wieder Bakterien ablagern.

Bei der jährlichen Untersuchung und Impfung sollte immer auch eine Kontrolle der Zähne durch den Tierarzt erfolgen. Kárieslöcher oder schadhafte Zähne werden so schnell erkannt und können in der Praxis behandelt werden.

Die Pflege der Pfoten und Krallen

Die Pfoten tragen den Deutschen Schäferhund durch den ganzen Tag. Sie werden beim Laufen am meisten beansprucht, da die Ballen und der darunter liegende Fettposter als Stoßdämpfer den Gang abfedern müssen.

Damit die Pfotenballen geschmeidig bleiben, müssen sie richtig gepflegt werden. Eincremen mit einer Pfotensalbe oder Pflege mit einem Pfotenspray ist nicht nur im Winter ein Muss. Reizen im Winter Streusalz und Split die Pfoten, fühlt sich im Sommer der heiße Asphalt unangenehm an.

Bei der Kontrolle der Pfoten sollten Sie immer auch überprüfen, ob sich der Hund kleine Steinchen eingetreten hat, bevor diese Entzündungen oder Druckstellen verursachen können.

Damit der Deutsche Schäferhund ohne Beschwerden laufen kann, müssen die Krallen genau die richtige Länge aufweisen. Um die Länge der Krallen zu überprüfen, stellen Sie die Pfote Ihres Hundes auf die flache Handfläche. Die Krallen bilden einen flachen Abschluss der Zehen. Sind die Krallen zu lang, biegen sie sich nach oben. Nach innen wachsende Krallen müssen unbedingt gekürzt werden, bevor sie in das Ballenhorn einwachsen.

Für die Pflege der Krallen können folgende Instrumente verwendet werden:

- Krallenschere
- Krallenzange
- Krallenfeile

Die Größe der Krallenschere muss immer an die Größe des Hundes angepasst werden. Die Krallen des Deutschen Schäferhundes sind hart und sehr fest. Sie können meistens nur mit einer entsprechend großen Krallenschere oder Krallenzange gekürzt werden.

Für das Kürzen der Krallen sollten Sie keine Krallenzangen mit Guillotine verwenden. Ist die Kralle einmal fixiert, kann sie durch plötzliche Bewegungen des Hundes verletzt werden.

Die Nagelfeile ist nur dazu geeignet, der Lauffläche der Krallen den letzten Schliff zu geben und kleine Unebenheiten zu beseitigen. Die Feile wird sonst eher bei kleinen Hunderassen mit weicheren Krallen verwendet.

Fällt bei der Pflege der Krallen auf, dass die Oberfläche rissig ist und die Krallen splittern, sollte ein Tierarzt aufgesucht werden. Dieser überprüft den Mineralstoffhaushalt des Hundes und verordnet bei Bedarf zusätzliche Mineralstoffe.

Die richtige Ausrüstung für den Spaziergang

Für einen Welpen ist es eine ungewohnte Situation, ein Halsband zu tragen und an einer Leine spazieren zu gehen. Teilweise wird diese Einschränkung der Bewegungsfreiheit von dem kleinen Hund als unangenehm empfunden. Der Welpe hat auch noch nicht gelernt, an einer entspannten Leine zu laufen. Durch sein Ziehen an der Leine zieht sich auch das Halsband zusammen und vermittelt dem Welpen ein Erstickungsgefühl.

Damit das Halsband gut sitzt und einen Teil des Zugs abfängt, sollte es breit und verstellbar sein. Eine weiche Fütterung an der Innenseite verringert den Druck auf den Kehlkopf des Hundes.

Das richtige Halsband für den Deutschen Schäferhund

Halsbänder sind aus verschiedenen Materialien und in verschiedenen Formen und Größen im Tierhandel erhältlich. Achten Sie darauf, ein größenverstellbares Halsband zu kaufen. Messen Sie vor der Anprobe den Halsumfang Ihres Hundes ab. Zwischen Halsband und Fell sollten zwei Finger hineingeschoben werden können, damit das Halsband nicht zu eng sitzt. Gleichzeitig darf es nicht zu locker sein, damit es der Hund nicht abstreifen kann.

Stachelhalsbänder oder Halsbänder mit elektronischen Sprühanlagen, die bei der Erziehung eines Hundes eingesetzt werden könnten, entsprechen nicht dem Tierschutzgesetz.

Das passende Brustgeschirr für den Deutschen Schäferhund

Ein Geschirr wird von einem Hund meistens besser toleriert als ein Halsband. Um ein passendes Geschirr zu finden, müssen der Brustumfang des Hundes und die Länge des Rückens vom Hals bis zum Ende des Rippenbogens gemessen werden.

Das Brustgeschirr muss gut am Körper sitzen und darf die Bewegungsfreiheit des Deutschen Schäferhundes nicht beeinträchtigen. Zu eng oder zu weit vorne sitzende Geschirre scheuern in den Achseln und beeinträchtigen die Bewegungen der Vorderbeine.

Der Ring für die Leine sollte sich in der Mitte des Rückenstegs befinden, damit der Zug durch die Leine nicht auf die Halswirbelsäule wirkt, sondern sich gleichmäßig über alle Wirbel verteilt.

Die richtige Leine für den Deutschen Schäferhund

Bei den Leinen werden folgende Leinentypen unterschieden:

- Die kurze Stadtleine
- Die verstellbare Leine mit bis zu zwei Metern Länge
- Die Laufleine
- Die Schleppleine

Die kurze Stadtleine hat eine Länge von ungefähr einem Meter. Der Hund muss unmittelbar neben seiner Bezugsperson laufen. Die kurze Leine vermittelt dem Hund durch den direkten Kontakt Sicherheit, ohne dass sie angespannt sein muss. Eine kurze Leine ist für einen Spaziergang in der Stadt, beim Einkaufen auf dem Markt oder für das Benutzen von öffentlichen Verkehrsmitteln perfekt geeignet.

Eine verstellbare Leine ist ein Mittelding zwischen einer Stadtleine und einer Laufleine. In der Hundezone oder in einem Park kann die Leine auf eine Länge von zwei Metern verlängert werden. Der Vierbeiner hat so mehr Freiheit beim Schnüffeln und Untersuchen der Gegend.

Die Laufleine lässt sich auf eine Länge von zwei bis fünf Meter ausziehen. Durch den Druck auf eine Taste stoppt die Leine. Die Länge ist fixiert. Eine Laufleine sollte nur verwendet werden, wenn der Hund die Grundkommandos bereits beherrscht. Bei der vollen Länge der Leine ist keine Kontrolle über den Hund mehr vorhanden.

Die Schleppleine wird vor allem bei dem Training des Deutschen Schäferhundes verwendet. Sie kann zum Üben des Apportierens, für Mantrailing oder Longieren eingesetzt werden. Die Schleppleine bietet dem Hund die größtmögliche Bewegungsfreiheit, da sie bis zu zehn Meter lang ist. Schleppleinen können bei gut erzogenen Deutschen Schäferhunden auch bei einem Spaziergang im Wald eingesetzt werden. Der Hund kann allen Spuren nachgehen, Sie haben ihn aber trotzdem unter Kontrolle, wenn er ein Tier jagen möchte. Ein großer Nachteil der Schleppleine im Wald besteht darin, dass sie sich in Büschen verfangen kann.

3.3 Check-up und alles rund um die Gesundheit

Damit der Deutsche Schäferhund lange gesund bleibt, sollte regelmäßig ein Check der Gesundheit durchgeführt werden. Zusätzlich zu der jährlichen Untersuchung durch einen Tierarzt sollten Sie regelmäßig die Haut, das Fell, die Ohren, die Augen und die Zähne Ihres Hundes überprüfen.

Die Impfungen

Durch Impfungen kann die Infektion mit bestimmten Krankheiten verhindert werden. Die ersten Impfungen, die der Welpe bereits bei dem Züchter erhält, werden in einen Impfpass eingetragen, der Ihnen bei dem Kauf übergeben wird.

Bei den Impfungen wird zwischen Core-Impfungen und Non Core-Impfungen unterschieden. Core-Impfungen sollten bei jedem Hund durchgeführt werden. Die Non Core-Impfungen werden nur verabreicht, wenn sie von dem Hund entsprechend seiner Lebenssituation benötigt werden.

Core-Impfungen:

- Staupe
- Tollwut
- Leptospirose
- Infektiöse Hepatitis
- Parvovirose

Die erste Impfung gegen Parvovirose erhalten die Welpen im Alter von drei bis vier Wochen. Zu diesem Zeitpunkt bauen sich die Antikörper aus der Muttermilch bereits ab. Die Baby-Impfung soll die immunologische Lücke bis zu der ersten aktiven Mehrfach-Impfung überbrücken.

Im Alter von acht Wochen wird die erste aktive Impfung durchgeführt. Die Hunde werden gegen Staupe, Leptospirose, Hepatitis und Zwingerhusten geimpft. Meistens ist in dem Impfstoff auch eine Impfung gegen Parainfluenza enthalten.

Bei der Grundimmunisierung muss die erste Impfung nach drei etwa Wochen ein weiteres Mal aufgefrischt werden. Danach erfolgt eine Auffrischung der Impfung alle ein bis zwei Jahre.

Die erste Impfung gegen Tollwut erfolgt im Alter von 12 bis 15 Wochen. Die zweite Impfung wird vier Wochen später durchgeführt. Weitere Auffrischungen sind alle zwei bis drei Jahre notwendig. Lebt ein Hund in einem Risikogebiet oder ist eine Reise in ein Risikogebiet geplant, sollte die Auffrischung der Impfung gegen Tollwut jährlich durchgeführt werden.

Die Staupe

Staupe ist eine Viruserkrankung, die durch ein Morbilli-Virus ausgelöst wird. Das Virus verursacht Durchfall, Erbrechen und Fieber. Die Augen tränen und sind eitrig entzündet. Auch ein eitriger Nasenausfluss kann beobachtet werden. Das Virus befällt aber nicht nur die inneren Organe und verursacht dort eine Entzündung. Es breitet sich entlang der Nervenbahnen aus und gelangt so bis in das Gehirn. Durch die Entzündung des Gehirns leidet der Hund an epileptischen Anfällen und Lähmungen. Überlebt der Hund die Erkrankung, bleiben häufig Ticks wie Muskelzuckungen zurück.

Bei geimpften Hunden verläuft die Staupe nur mild mit leichtem Durchfall. Eine Ausbreitung über die Nerven findet nicht statt.

Die Tollwut

Bei der Tollwut handelt es sich um eine Seuche, die auch auf den Menschen durch Biss übertragen werden kann. Da die Erkrankung immer durch Absterben der Gehirnzellen tödlich verläuft, ist eine Behandlung von infizierten Hunden verboten. Besteht der Verdacht auf Tollwut, wird die Tötung des Hundes durch den Amtstierarzt angeordnet. Der endgültige Beweis für die Infektion kann erst nach dem Tod des Tieres erbracht werden. In histologischen Schnitten des Gehirns sind typische Einschlusskörperchen, die Negrischen Körperchen, zu erkennen.

Das Rhabdovirus, das die Tollwut verursacht, gelangt durch den Biss eines infizierten Tieres unter die Haut. Es vermehrt sich an der Eintrittsstelle und breitet sich dann entlang der Nerven bis zum Gehirn aus, wo es die Gehirnzellen befällt und abtötet. Das Virus gelangt vom Gehirn über die Nerven wieder bis in die Speicheldrüsen. Weitere Tiere können durch einen Biss angesteckt werden.

Das Tollwutvirus kann alle Säugetiere infizieren. Ein Hund kann sich also nicht nur bei einem Haustier (urbane Wut), sondern auch bei einem Wildtier (silvatische Wut) anstecken. Als Symptome können vor allem Durchfall und Lähmungen beobachtet werden. Durch Krämpfe der Kaumuskulatur ist bei einigen Hunden schaumiger Speichel vor dem Mund sichtbar. Die Hunde reagieren aggressiv auf Annäherungen von Menschen. Infizierte Wildtiere dagegen nähern sich ohne Scheu und verlieren ihre instinktive Fluchtdistanz.

Die Leptospirose

Leptospirose wird durch Bakterien, die durch die verletzte Schleimhaut oder Haut in den Körper eindringen, verursacht. Die Bakterien verbreiten sich mit dem Blut im gesamten Körper und gelangen auch in die inneren Organe. Dort verursachen sie eine Entzündung der Leber und der Nieren. Das Gewebe der Leber und der Nieren stirbt ab. Durch Versagen der Nieren und der Leber verläuft die Erkrankung immer tödlich.

Als Symptome sind Fieber, Mattigkeit, rot gefärbter Harn, Lungenblutungen und Kreislaufversagen zu erkennen.

Die Leptospirose kann auch auf den Menschen übertragen werden. Es handelt sich um eine Zoonose. Ohne Behandlung endet die Erkrankung immer mit dem Tod des Hundes.

Hepatitis contagiosa canis

Hepatitis contagiosa canis wird durch ein Adenovirus verursacht. In Deutschland und Österreich ist die Durchimpfungsrate der Hundepopulation so hoch, dass die Erkrankung kaum mehr auftritt. Die Ansteckung erfolgt durch den Harn und den Kot von infizierten Hunden. Die Viren verbreiten sich über die Lymphbahnen bis in die Leber und Nieren. Durch die Schädigung der Leber entsteht eine Gelbsucht. Alle Schleimhäute des Hundes sind gelb verfärbt. Auch Durchfall und eine Entzündung des Gehirns können auftreten. Durch die Zerstörung des Lebergewebes verläuft die Erkrankung tödlich.

Die Parvovirose

Die Parvovirose, die durch ein Parvovirus ausgelöst wird, ist umgangssprachlich auch unter der Bezeichnung Katzenseuche bekannt. Bei Katzen tritt ebenfalls eine Parvovirose auf. Die Tiere können sich aber nicht gegenseitig anstecken, da die Viren immer nur eine spezielle Tierart befallen. Infizierte Hunde können also nur andere Hunde anstecken. Andere Haustiere oder Menschen sind nicht gefährdet.

Bei der Parvovirose tritt hochgradiger blutiger Durchfall auf. Der Hund erbricht und leidet aufgrund vom Flüssigkeitsmangel schnell an Austrocknung. Der Tod tritt durch den Schock aufgrund vom Flüssigkeitsmangel und vom Kreislaufversagen ein.

Die Parvovirose ist eine der häufigsten Viruserkrankungen in Deutschland und Österreich. Besonders aggressiv verläuft sie bei Welpen, die noch über kein funktionsfähiges Immunsystem verfügen. Bei älteren Hunden ist der Verlauf meistens milder. Gefördert wird die Ausbreitung der Parvovirose durch starke hygienische Mängel in Gebärstationen und bei illegalen Hundeimporten.

Die Non Core-Impfungen

Zu den Non Core-Impfungen zählen folgende Impfungen:

- Zwingerhusten
- Leishmaniose
- Borreliose
- Tetanus

Non Core-Impfungen werden nicht automatisch durchgeführt. Der Impfplan richtet sich nach den Lebensbedingungen des Hundes.

Der Zwingerhusten

Der ansteckende Zwingerhusten ist eine multifaktorielle Erkrankung. Das bedeutet, dass an der Infektion verschiedene Viren und Bakterien beteiligt sind:

- Canines Herpesvirus
- Canines Adenovirus
- Bordetella bronchiseptica

Die Viren siedeln sich in den Schleimhäuten des Kehlkopfes und der Luftröhre an und verursachen eine Entzündung. Der Hund hustet anfallsweise, krampfartig und trocken. Das Bellen klingt heiser. Teilweise ist die Stimme des Hundes kaum zu hören. Siedeln sich auch Bakterien in dem geschädigten Gewebe an, entsteht eine eitrige Entzündung. Die Entzündung kann sich bis in die Lunge ausbreiten.

Meistens erfolgt die Ansteckung mit Zwingerhusten durch direkten Kontakt mit einem infizierten Hund in einer Tierpension oder einem Tierheim. Deshalb sollte der Hund vor dem Antritt des Urlaubs immer gegen Zwingerhusten geimpft sein.

Die Grundimmunisierung des Hundes erfolgt in der achten und zwölften Wochen. Danach ist eine jährliche Auffrischung der Impfung notwendig.

Leishmaniose

Leishmaniose tritt vor allem in den wärmeren südlichen Ländern auf. Auf Mallorca und auf anderen Inseln ist die Infektionsrate bei Hunden sehr hoch. Auch im Süden von Deutschland und Frankreich konnten bereits Infektionen beobachtet werden. Die Übertragung erfolgt durch Stiche von Mücken, die die Leishmanien in ihrem Darm und ihren Speicheldrüsen beherbergen.

Bei der Haut-Leishmaniose bilden sich in der Haut des Hundes Knoten und Geschwüre. Durch Verbreitung über die Lymphbahnen entsteht die Schleimhaut-Leishmaniose. Vor allem die Schleimhäute im Bereich von Mund, Luftröhre und Genitalien werden befallen. Breiten sich die Einzeller auch auf die inneren Organe und das Knochenmark aus, tritt die tödliche Form, die viszerale Leishmaniose, auf.

Die Grundimmunisierung gegen Leishmaniose erfolgt mit drei Injektionen. Die erste Impfung muss nach vier bis sechs Wochen wiederholt werden. Dann muss eine dritte Impfung im Abstand von acht bis zwölf Wochen erfolgen. Eine jährliche Auffrischung ist notwendig. Lebt der Hund in einem endemischen Gebiet, muss vor der ersten Impfung geklärt werden, ob nicht bereits eine Ansteckung erfolgt ist.

Zusätzlich kann der Hund durch ein Spot-on, das die Stiche der Sandmücken verhindert, oder spezielle Halsbänder, Scalibor-Halsbänder, geschützt werden.

Die Borreliose

Borrelien werden durch Zecken übertragen. Bis durch die Bakterien die ersten Symptome ausgelöst werden, können mehrere Wochen vergehen. Die Erreger siedeln sich in den Gelenken und der Muskulatur an. Immer wieder treten Fieberschübe und Bewegungsstörungen auf.

Um einer Infektion mit Borrelien vorzubeugen, können die Hunde geimpft werden. Die Grundimmunisierung muss zweimal im Abstand von vier bis sechs Wochen durchgeführt werden. Danach ist eine jährliche Auffrischung notwendig. Geimpft werden sollten vor allem Hunde von Jägern und Forstaufsehern oder Hunde, die häufig im Wald oder auf Wiesen unterwegs sind. Der beste Zeitpunkt für die Impfung ist das Frühjahr, da im Winter kaum eine Infektionsmöglichkeit durch Zekken besteht.

Zusätzlich zu der Impfung gegen Borreliose sollte der Deutsche Schäferhund auch durch ein Spot-on gegen Flöhe und Zecken geschützt sein.

Tetanus

Der Wundstarrkrampf wird durch das Bakterium Clostridium tetani verursacht. Wird eine offene Wunde mit den Bakterien verunreinigt, bilden die Keime bei der Vermehrung ein Toxin. Das Toxin breitet sich im ganzen Körper des Hundes aus und verursacht starke Krämpfe der Muskulatur. Wundstarrkrampf endet auch bei Behandlung häufig tödlich.

Für Hunde existiert kein zugelassener Impfstoff gegen Tetanus. Die Verwendung eines Impfstoffes für Pferde erfolgt immer auf eigene Gefahr. Die Möglichkeit zur Ansteckung besteht vor allem bei Hunden, die ihr gesamtes Leben in einem Pferdestall verbringen. Bei anderen Hunden ist die Impfung nicht notwendig und kann auch nicht empfohlen werden.

Untersuchungen auf Erbkrankheiten

Von dem FCI sind für Deutsche Schäferhunde, die für die Zucht eingesetzt werden, Untersuchungen auf Erbkrankheiten vorgeschrieben. Dazu gehören:

- Hüftgelenksdysplasie
- Ellbogendysplasie
- Keratoconjunctivitis sicca
- Degenerative Myelopathie
- Angeborenes Vestibulärsyndrom
- Erbliche Pankreasinsuffizienz

Die Hüftgelenksdysplasie

Bei der Hüftgelenksdysplasie handelt es sich um eine erbliche Missbildung des Hüftgelenks. Diese kann in mehreren Formen auftreten. Meistens ist die Pfanne der Hüfte, das Acetabulum, zu flach ausgebildet. Der Kopf des Oberschenkels kann nicht richtig in die Pfanne einrasten und rutscht bei jeder Bewegung der Hinterbeine heraus. Durch die ständige Dehnung der Gelenkkapsel empfindet der Hund starke Schmerzen. Der Knorpel des Gelenks wird geschädigt. Es bilden sich Arthrosen, degenerative Veränderungen der Knochen, die das Hüftgelenk bilden. Eine weitere Möglichkeit besteht darin, dass die Pfanne nicht im richtigen Winkel am Beckenknochen sitzt.

Die Hüftgelenksdysplasie kann in leichter, mittelschwerer und schwerer Form auftreten. Die Hunde führen das betroffene Hinterbein kürzer vor als das nicht betroffene. Sie haben Schwierigkeiten, aufzustehen. Vor allem Hunde mit einer stark abfallenden Krupp sind von der Hüftgelenksdysplasie betroffen.

Da die Erkrankung an die Nachkommen vererbt wird, sollten betroffene Hunde von der Zucht ausgeschlossen werden. Meistens erfolgt der Zuchtausschluss erst bei mittelgradiger Hüftgelenksdysplasie eines

Hundes. Bei dem Kauf eines Deutschen Schäferhund-Welpen sollte in den Zuchtpapieren immer überprüft werden, ob die Eltern HD frei sind.

Den betroffenen Hunden kann das Leben durch eine Operation erleichtert werden. In geringgradigen Fällen wird am inneren Oberschenkel der Musculus pectineus entfernt. Das Bein wird dadurch weniger stark nach innen gezogen. Der Oberschenkelkopf kann besser in der Pfanne einrasten.

Durch das Einsetzen von Goldimplantaten an den Triggerpunkten können die Schmerzen verringert werden.

In hochgradigen Fällen wird das Hüftgelenk durch ein künstliches Gelenk aus Keramik oder Titan ersetzt. Eventuell müssen auch die Bekkenknochen durchtrennt und das Acetabulum neu gelagert werden.

Die endgültige Diagnose Hüftgelenksdysplasie kann erst am ausgewachsenen Deutschen Schäferhund im Alter von 1,5 Jahren gestellt werden. In Narkose wird ein Röntgen der Hüfte durchgeführt. Dabei befindet sich der Hund in Rückenlage. Die Hinterbeine werden gestreckt und gleichzeitig nach innen gedreht. An dem Röntgenbild kann der Winkel des Hüftgelenks genau vermessen und beurteilt werden.

Die Ellbogendysplasie

Bei der Ellbogendysplasie handelt es sich um eine angeborene Missbildung des Ellbogengelenks. Die Erbkrankheit tritt in verschiedenen Formen auf:

- Der Fortsatz der Elle verwächst nicht mit dem Unterarmknochen. Dieses Problem wird auch als isolierter Processus anconaeus bezeichnet.
- Im Ellbogengelenk ist eine Stufe ausgebildet. Das Gelenk ist in der Bewegung eingeschränkt.
- Elle und Speiche passen in der Länge nicht zueinander.

Probleme mit dem Ellbogengelenk verursachen starke Schmerzen. Die Veränderungen können nur durch eine Operation behoben werden.

Die Keratoconjunktivitis sicca

Bei der Schäferhundkeratitis bilden die Tränendrüsen des Hundes zu wenig Flüssigkeit. Die Hornhaut des Auges trocknet aus. An der Oberfläche bilden sich Entzündungsherde und Geschwüre, die als weiße Punkte erkennbar sind. Die Veränderungen auf der Hornhaut breiten sich immer weiter aus, bis der Hund durch die vollständige Trübung der Hornhaut blind ist.

Der Nachweis erfolgt mit dem Schirmer Tränentest. Ist die gebildete Menge an Tränenflüssigkeit zu gering, kann sie durch Augentropfen ersetzt werden. Eine Behandlung des Hundes muss lebenslang erfolgen.

Die degenerative Myelopathie

Durch Absterben der langen Nervenbahnen im Bereich des Rückenmarks treten Lähmungen auf, die ständig weiter fortschreiten. Das Gen, das für die Erkrankung verantwortlich ist, konnte bereits identifiziert werden.

Der Nachweis der veränderten Superoxid-Dismutase 1 (SOD1-Gen) kann mit einem Gentest erfolgen. Die Schwäche der Muskulatur durch die fehlenden Nervensignale ist bei den Deutschen Schäferhunden meistens auf die Hinterbeine beschränkt. Die Möglichkeiten für eine Behandlung der degenerativen Myelopathie sind beschränkt und bringen keinen dauerhaften Erfolg. Betroffene Hunde müssen für die Fortbewegung einen individuell angepassten Rollstuhl für Hunde verwenden.

Hunde, die Anlageträger sind oder das Gen reinerbig besitzen, sollten immer von der weiteren Zucht ausgeschlossen werden.

Das angeborene Vestibularsyndrom

Bei den betroffenen Hunden tritt plötzlich eine Erkrankung des Gleichgewichtsorgans auf. Durch die Erkrankung des Vestibularapparats im Innenohr ist der Deutsche Schäferhund nicht mehr in der Lage, sein Gleichgewicht zu halten. Er kann auch die Augenbewegungen und die Bewegungen des Kopfes nicht mehr miteinander koordinieren.

Der Deutsche Schäferhund hält den Kopf ständig nach einer Seite schief. Gleichzeitig sind schnelle Bewegungen der Augen zu sehen. Der Gang ist unkoordiniert und schwankend. Teilweise fallen die Hunde um. In hochgradigen Fällen kann die Aufnahme von Futter und Wasser beeinträchtigt sein. Der Hund leidet ständig unter Übelkeit und erbricht. Ist auch das Gehirn von dem angeborenen Vestibularsyndrom betroffen, treten epileptische Anfälle auf.

Bei einem angeborenen Vestibularsyndrom verschwinden die Symptome trotz regelmäßiger Behandlung meistens nicht.

Die erbliche Pankreasinsuffizienz

Bei der erblichen Pankreasinsuffizienz handelt es sich um eine exokrine Pankreasinsuffizienz. Die Deutschen Schäferhunde sind durch ein Fehlen von in der Bauchspeicheldrüse gebildeten Enzymen nicht in der Lage, Fett aus dem Nahrungsbrei zu verdauen. Der ausgeschiedene Kot enthält einen hohen Anteil an unverdautem Fett. Es hat eine typische lehmfarbene, weiße Farbe und ist trocken und bröckelig. Teilweise tritt starker, chronischer Dünndarmdurchfall, der eine schleimige Konsistenz hat, auf. Mit der Zeit schrumpft das Gewebe der Bauchspeicheldrüse. Ist auch der endokrine Anteil des Pankreas betroffen, entwickelt sich eine Diabetes, eine Zuckerkrankheit.

Weitere Erkrankungen, die bei dem Deutschen Schäferhund häufig auftreten können

Bei dem Deutschen Schäferhund treten aber nicht nur Erbkrankheiten auf. Auch andere Erkrankungen können das Wohlbefinden des Hundes beeinträchtigen. Bei einigen Erkrankungen können Hausmittel angewendet werden, bei anderen ist ein Besuch beim Tierarzt unbedingt erforderlich.

Die Ohrentzündung: Otitis externa

Obwohl der Deutsche Schäferhund Stehohren besitzt, können Entzündungen des äußeren Gehörgangs immer wieder auftreten. Als Ursachen kommen Parasiten (Ohrmilben), eine Verstopfung des Gehörgangs mit Ohrschmalz, Restfeuchtigkeit im Gehörgang nach dem Schwimmen oder eine Infektion mit Bakterien und Pilzen infrage.

Im Sommer muss auch an Fremdkörper wie Granen gedacht werden. Die kleinen Ähren gelangen in den Gehörgang und wandern durch Widerhaken bis zum Trommelfell.

Abhängig von der Ursache treten bei dem Deutschen Schäferhund verschiedene Symptome auf. Die Innenseite der Ohrmuschel ist verschmutzt und vermehrt warm. Der Gehörgang ist mit bröckeligen braunen Massen angefüllt. Bei dem Eindringen eines Fremdkörpers in den äußeren Gehörgang bildet sich ein eitriger und blutiger Ausfluss. Aus dem Ohr tritt aufgrund von der Entzündung ein unangenehmer fauliger Geruch auf.

Der Hund hält den Kopf schief. Das Anfassen der Ohren wird als schmerzhaft empfunden.

Sind an der Entzündung des äußeren Gehörgangs Bakterien oder Pilze beseitigt, können diese auch durch ein beschädigtes Trommelfell in das Mittelohr und das Innenohr eindringen. Das Gleichgewicht des Hundes ist gestört.

Bei dem Verdacht auf eine Ohrentzündung sollte immer der Tierarzt aufgesucht werden. Eine Behandlung darf erst nach Abklärung der Ursache erfolgen. Fremdkörper werden entfernt, Bakterien durch Antibiotika abgetötet.

Um das Auftreten von Ohrentzündungen zu vermeiden, sollten prophylaktisch immer die Ohren gereinigt werden. Für die Reinigung wird nur ein sauberes Tuch benötigt. Bei dem Tierarzt erhalten Sie einen Ohrreiniger, der die Schleimhaut des äußeren Gehörgangs nicht austrocknet. Der Reiniger löst den Schmutz in den Ohren, der von dem Deutschen Schäferhund ausgeschüttelt werden kann. Mit einem sauberen Tuch, das Sie um Ihren Finger wickeln, werden Reste des Ohrreinigers und des Ohrschmalzes aus der Ohröffnung entfernt. Verwenden Sie für die Reinigung der Ohren keine Wattestäbchen. Durch die Stäbchen wird der Schmutz immer tiefer in den Gehörgang geschoben und bildet schließlich eine feste Platte, die sich auf dem Trommelfell ablagert. Der Hund hört nur mehr schlecht, da die akustischen Signale nicht durch das Trommelfell weitergeleitet werden. Der eingetrocknete Schmutz muss von dem Tierarzt bei einer Ohrspülung entfernt werden.

Wenden Sie nie Ohrtropfen an, die nicht von einem Tierarzt verordnet wurden. Ist das Trommelfell bereits durch die Entzündung beschädigt, dringen die Ohrtropfen bis in das Innenohr vor und verursachen dort schwere Entzündungen.

Führen Sie in der Hundetasche auf Spaziergängen immer saubere Mikrofasertücher mit sich, damit Sie die Ohren nach dem Baden des Hundes in einem Teich trocknen können.

Durchfall

Auch gesunde Hunde haben manchmal Durchfall. Die Ursache dafür kann verdorbenes Futter oder auch Stress sein. Ist das Verhalten des Deutschen Schäferhundes nicht verändert, können Sie den Vierbeiner mit Hausmitteln behandeln. Homöopathische Globuli wie Ipecacuanha

D4 oder Nux vomica D3 beruhigen den Magen und den Darm und regulieren die Darmtätigkeit. Füttern Sie den Deutschen Schäferhund nicht sofort mit seinem regulären Futter. Geben Sie dem Darm die Gelegenheit, die Giftstoffe und die gebildeten Gase loszuwerden. Füttern Sie Ihren Hund mit Moroscher Karottensuppe. Für die Suppe werden die gereinigten Karotten 90 Minuten lang in Wasser gekocht. Danach werden die Karotten mit einem Mixer püriert. Durch die lange Erhitzung bilden sich saure Oligogalakturonide, die an die Krankheitserreger oder an die anderen schädlichen Stoffe andocken. Die schädlichen Substanzen können schneller ausgeschieden werden. Die Schleimhaut wird beruhigt.

Viele Hundebesitzer haben beobachtet, dass Ihr Hund nach dem Besuch der Hundeschule oder nach aufregenden Ereignissen an Durchfall leidet. Während des Trainings steht der Vierbeiner teilweise unter Stress. In der Nebennierenrinde wird die Produktion von Cortisol, einem natürlichen Cortison, erhöht. Lässt der Stress nach, verursacht das Cortisol durch eine leichte Entzündung der Darmwand Durchfall. Achten Sie daher beim Training immer auf die Körpersprache Ihres Hundes. Überfordern Sie den Hund nicht und machen Sie eine Pause, wenn der Vierbeiner anzeigt, dass er gestresst ist.

Treten gemeinsam mit dem Durchfall noch weitere Krankheitsanzeichen wie Fieber, verändertes Verhalten oder Erbrechen auf, muss unter allen Umständen ein Tierarzt aufgesucht werden, um die Ursache des Durchfalls abzuklären.

Erbrechen

Erbrechen ist für einen Hund ein normaler physiologischer Vorgang. Hunde schlingen ihr Futter hinunter, ohne es vorher auf Schädlichkeit durch den Geruchssinn zu überprüfen. Wird im Magen festgestellt, dass das Futter für den Hund nicht bekömmlich ist, erbricht er es einfach wieder. Der Brechreiz kann auch durch das Fressen von Gras oder bitteren Kräutern beschleunigt werden.

Erbricht der Deutsche Schäferhund manchmal, besteht also kein Grund zur Sorge. Tritt Erbrechen immer wieder auf, sollten Sie an eine Übersäuerung des Magens denken. Wird zu viel Magensäure produziert, reizt diese die Magenschleimhaut. Es entsteht eine Entzündung. Der Hund leidet unter Übelkeit und Erbrechen. Hier hilft Augentrost-Tee (Euphrasie-Tee). Auch Stress und ständige Überforderung können eine chronische Gastritis (Entzündung der Magenschleimhaut) verursachen.

Erbricht der Deutsche Schäferhund in kurzen Abständen, oder ist das Erbrochene gelblich oder rötlich verfärbt, sollte eine Behandlung durch einen Tierarzt erfolgen.

Bei einer Magendrehung zeigt der Hund Anzeichen von Erbrechen. Er würgt, die Bauchmuskulatur zieht sich zusammen, der Kopf ist mit geöffnetem Mund gesenkt. Durch den Verschluss der Speiseröhre ist der Hund allerdings nicht in der Lage, den Mageninhalt nach außen zu befördern. Hier handelt es sich um einen Notfall, der immer sofort in einer Tierklinik behandelt werden muss.

Erbrechen ist keine eigenständige Erkrankung, sondern tritt bei vielen Erkrankungen als Symptom auf. Hunde, die regelmäßig und mehrmals täglich erbrechen, können unter einer Störung der Funktion von Leber und Niere, oder einer Infektion mit Bakterien oder Viren leiden. In diesem Fall sollten Sie immer einen Tierarzt aufsuchen.

Befall mit Endoparasiten

Endoparasiten sind Würmer und Einzeller, die sich im Darmtrakt oder anderen Organen des Hundes aufhalten. Am häufigsten ist ein Befall mit Spulwürmern oder Bandwürmern zu beobachten. Der After des Hundes juckt. Um den Juckreiz zu lindern, rutscht der Hund mit seinem Hinterteil über den Boden (Schlitten fahren). Mit dem Kot werden lange graue oder weiße Spulwürmer ausgeschieden. Bei einem Befall mit Bandwürmern finden sich im Fell um den After Bandwurmglieder, die sich aktiv bewegen.

Wenn Sie den Verdacht auf einen Befall mit Würmern haben, sollten Sie drei Tage lang Kot sammeln und diesen zum Tierarzt bringen. Der Tierarzt untersucht den Kot unter dem Mikroskop auf Wurmeier. Bestätigt sich der Wurmbefall, muss der Hund mit Tabletten oder einem Spot-on entwurmt werden.

Eine vorbeugende Entwurmung ist nicht sinnvoll. Die Medikamente wirken nur auf bereits im Darm vorhandene ausgewachsene Würmer und ihre Entwicklungsstadien. Sie können aber das Milieu des Darms durch die Fütterung verändern, so dass sich Würmer nicht so leicht festsetzen und vermehren können. Mischen Sie Kokosraspel unter das Futter. Die in den Kokosnüssen enthaltene Laurylsäure tötet Würmer ab. Geriebene rohe Karotten können ebenfalls vorbeugend gegen einen Wurmbefall eingesetzt werden.

Juckreiz

Der Deutsche Schäferhund kratzt sich immer wieder. Er scheuert sich an Gegenständen und presst sich beim Streicheln gegen die Hand. Untersuchen Sie zuerst, ob die Haut unter den Haaren verändert ist. Bei Pilzinfektionen sind schuppige und haarlose Stellen zu sehen, die einen wulstigen Rand besitzen. Eventuell leidet der Hund unter einem Flohbefall. Vor allem in den Sommermonaten tritt Juckreiz häufig nach Spaziergängen auf. Die Hunde laufen durch hohes Gras. Dort lauern die Herbstgrasmilben. Die Milben sondern Speichel ab, auf den die Hunde mit Juckreiz reagieren. Auf der Haut der Beine und des Bauches sind kleine rote Pusteln zu sehen. Die Milben bleiben nicht auf der Haut des Hundes, sondern lassen sich nach der Mahlzeit wieder fallen. Besteht ein Verdacht, dass der Hund von Herbstgrasmilben befallen wurde, können Sie den Hund als Erste Hilfe nach dem Spaziergang unter die Dusche stellen und die Beine und den Bauch vorsichtig abbrausen. Der Juckreiz lässt dann schnell wieder nach.

Liegt ein Flohbefall vor, sollte dieser mit einem Spot-on oder Tabletten behandelt werden. Vorbeugend kann auch ein Spray mit Kokosöl auf die Haut gesprüht werden. Das Kokosöl verstopft die Atemöffnungen von Flöhen und Zecken. Das enthaltene Laurylsulfat tötet die Parasiten ab.

Die Schäferhund-Dermatitis

Bei der Schäferhund-Dermatitis handelt es sich um eine eitrige Entzündung der Haut. Auf der Haut bilden sich Knötchen, die sich in eitrige Pusteln verwandeln. Im Anfangsstadium können Sie versuchen, die Haut durch Waschen mit Tee zu desinfizieren und die Staphylokokken abzutöten. Gut geeignet ist eine Teemischung aus Ingwer, Salbei und Rosmarin.

Breitet sich die Entzündung weiter aus, muss ein Tierarzt aufgesucht werden. Der Hund benötigt in diesem Fall Antibiotika.

Futtermittelallergien

Bei dem Deutschen Schäferhund treten häufig Futtermittelallergien auf. Gefördert wird die Entstehung von Allergien durch wenig abwechslungsreiche Fütterung oder minderwertiges Futter. Das Immunsystem des Deutschen Schäferhundes reagiert auf einzelne Bestandteile wie Getreide, Soja oder bestimmte Fleischsorten und setzt Entzündungsmediatoren frei. Die Immunzellen greifen das körpereigene Gewebe an. Die Darmschleimhaut entzündet sich. Durch die chronische Darmentzündung verändert sich auch das Mikrobiom, die Bakterienflora im Darm. Die Darmschranke wird durchlässiger. Große Abbauprodukte des Futters können durch die beschädigte Darmschranke in das Blut gelangen und lösen weitere Entzündungsreaktionen aus. Die Immunzellen gelangen auch in die Haut. Der Deutsche Schäferhund leidet unter hochgradigem Juckreiz. Am Bauch brechen die Haare ab und fallen nach einiger Zeit aus.

Durch die chronische Entzündung verdickt sich die innere Schicht (Mukosa) der Darmschleimhaut. Nährstoffe können nicht mehr gut aufgenommen werden. Nach dem Fressen tritt breiförmiger bis flüssiger Durchfall auf. Durch den Durchfall gehen weitere Nährstoffe für den Hund verloren. Das Fell wird stumpf und glanzlos. Der Hund verliert Gewicht und magert ab. Wird die Futtermittelallergie nicht behandelt, kann infolge der lange anhaltenden chronischen Entzündung ein Tumor im Bereich des Darms entstehen.

Um festzustellen, ob der Deutsche Schäferhund an einer Futtermittelallergie leidet, wird eine Ausschlussdiät durchgeführt. Der Hund wird sechs Wochen lang mit einer speziellen Diät aus Pferdefleisch und Kartoffeln gefüttert. Wenn Sie nicht selber kochen wollen, ist diese Diät auch als Feuchtfutter über den Tierarzt erhältlich. Nach sechs Wochen wird dem Futter eine weitere Fleischsorte, zum Beispiel Huhn, zugesetzt. Tritt wieder Juckreiz auf, ist der Deutsche Schäferhund auf Hühnerfleisch allergisch.

Das Futter darf in der Zeit der Ausschlussdiät nicht mit Gemüse wie Tomaten oder verschiedenen Kräutern aufgewertet werden. Viele Kräuter wie Petersilie besitzen eine Kreuzallergie zu Fleisch. Es tritt ebenfalls Juckreiz auf.

Nach der Diagnose kann der Deutsche Schäferhund mit einem eigenen Diätfutter gefüttert werden. Wird der Hund gebarft, werden Fleischsorten, die Allergien auslösen, nicht verwendet. Bei dem Tierarzt ist auch ein spezielles Trockenfutter erhältlich, das bei Hunden mit Mehrfach-Allergien eingesetzt wird. Bei diesem Futter wird während der Herstellung die Molekülgröße der Bestandteile verändert. Die kleinen Teilchen sind nicht mehr in der Lage, allergische Reaktionen auszulösen.

Dieses Futter sollte bei einem Deutschen Schäferhund mit Allergien vermieden werden:

- Weizen
- Soja
- Milch

Flohdermatitis

Der Deutsche Schäferhund kann auch auf den Speichel, der bei Flohbissen abgegeben wird, allergisch reagieren. Es entsteht eine typische Flohdermatitis. Wenn die weiblichen Flöhe Blut saugen, geben sie mit dem Speichel Enzyme ab, durch die die Blutgerinnung nicht so schnell einsetzt. Der Speichel der Flöhe verursacht bei dem Hund Juckreiz. Er beginnt, an seinem Fell zu lecken und an der Schwanzwurzel zu nagen. Durch die Zähne entstehen kleine Verletzungen der Haut, in die Bakterien eindringen. Es bildet sich eine eitrige Entzündung, die sich immer weiter unter der Haut ausbreitet. Die oberen Hautschichten sterben ab. Hier sollte aufgrund von der schnellen Ausbreitung der eitrigen Entzündung eine Behandlung durch einen Tierarzt erfolgen. Der Hund erhält Antibiotika. Die betroffenen Hautstellen werden gereinigt und desinfiziert. Abgestorbenes Gewebe muss sorgfältig entfernt werden.

Analbeutelentzündung

Bei Hunden kann bei einer fehlerhaften Konsistenz des Kots eine Verstopfung und eine Entzündung der Analbeutel auftreten. Die Analbeutel sind mit Schleimhaut ausgekleidet, die sich direkt neben dem After befinden. In den Beuteln liegt eine Drüse, die ein Duftsekret für die Markierung des Reviers produziert. Die Ausführungsgänge sind in der Höhe von 4 und 8 Uhr neben dem Anus sichtbar. Während des Kotabsatzes werden die Analbeutel automatisch durch den Kot ausgedrückt. Die Duftmarke wird mit dem Kot gesetzt. Ist der Kot aufgrund von fehlenden Ballaststoffen oder vom Durchfall zu weich, sammelt sich das

Sekret in den Analbeuteln an. Es trocknet ein und verstopft die Ausführungsgänge. Durch einwandernde Bakterien entzünden sich die Analbeutel und schwellen an. Die Schwellungen sind direkt neben dem After sichtbar.

Sind die Analbeutel bereits entzündet, muss der Hund von einem Tierarzt behandelt werden. Das Sekret wird durch Spülungen aus den Analbeuteln entfernt. Die Entzündung kann mit Antibiotika bekämpft werden. Wichtig ist ein Wechsel auf ein Futter, das genügend Ballaststoffe enthält. Treten trotzdem immer wieder Entzündungen und Abszesse der Analbeutel auf, müssen diese chirurgisch entfernt werden.

4 Die richtige Erziehung und Förderung eines Deutschen Schäferhundes

Für die Erziehung eines Schäferhundes benötigen Sie vor allem folgende Dinge: Liebe, Konsequenz und Geduld. Der intelligente und schnell lernende Hund wird so zu einem treuen und verspielten Begleiter, der Sie gerne bei allen Unternehmungen begleitet.

4.1 Die Basiserziehung

Eine gute Basiserziehung bietet sowohl für den Hund als auch den Hundehalter Vorteile:

- Die Bindung zwischen Mensch und Hund wird vertieft.
- Es entsteht eine gemeinsame Gesprächsebene.
- Die Rangordnung ist geklärt.
- Das Zusammenleben klappt besser.
- Der Hund kann in allen Situationen mitkommen.
- Der Hund lernt, allein zu bleiben.
- Spaziergänge sind entspannter.
- Der Hund kann in bestimmten Gebieten ohne Leine laufen.
- Besuch kann ohne Stress die Wohnung betreten.

- Ein gut erzogener und ausgelasteter Deutscher Schäferhund zerstört keine Gegenstände in der Wohnung.
- Der Deutsche Schäferhund kann sich auf seine Bezugsperson verlassen.

Warum sollte mit der Basiserziehung schon bei einem Welpen begonnen werden?

Die Welpen sind süß und es sieht lustig aus, wenn sie etwas anstellen. Daher werden den kleinen Hunden Fehler schnell verziehen. Manche Hundehalter begehen sogar den Fehler, den Welpen trotz Ungehorsam zu streicheln. Er ist ja noch so klein und kann nichts dafür, heißt es dann. Doch der Deutsche Schäferhund wächst schnell. Und schon ist es nicht mehr lustig, wenn er Personen anspringt oder an den Schuhen kaut. Deshalb muss ein entsprechendes Training schon im Welpenalter beginnen.

Die erste Erziehung erfolgt durch die Mutterhündin

In den ersten Lebenstagen sind die Welpen noch nicht in der Lage, zu sehen und zu hören. Doch sobald die Augen geöffnet sind und die Welpen durch die Gegend krabbeln, beginnt die Mutterhündin mit der Erziehung. Die Mutter weist die Welpen zurecht, wenn diese sich ungehorsam verhalten. Sind die Welpen zu stürmisch oder verhalten sie sich einem erwachsenen Hund gegenüber aufdringlich und präpotent, werden sie einfach mit der Schnauze weggestoßen. Streitigkeiten zwischen den Wurfgeschwistern werden von der Mutterhündin geschlichtet, bevor sie zu sehr ausarten. Bei besonders schweren Vergehen umfasst der erwachsene Hund mit seiner Schnauze die Schnauze des Welpen und drückt diese zu Boden. Sind die Welpen bereits größer, kann es vorkommen, dass die Mutter sich als Erziehungsmaßnahme einfach auf den ungehorsamen Welpen setzt und diesen am Boden fixiert.

In dieser Zeit lernen die Hunde den respektvollen Umgang mit anderen Hunden. Und sie lernen auch, dass eine bestehende Rangordnung akzeptiert werden muss.

Der Umzug in das neue Zuhause

Eine Schonfrist gilt nur für die Eingewöhnungsphase. In den ersten Tagen im neuen Zuhause stürmen viele neue Eindrücke auf den Welpen ein. Er muss die Trennung von der Mutter und den Geschwistern verkraften und sich an die neuen Gerüche der Umgebung gewöhnen. Der Welpe ist umgeben von fremden Menschen, an die er sich erst gewöhnen muss. Jetzt sollte der kleine Hund noch nicht mit Training überfordert werden. Haben Sie Geduld und lassen Sie dem Hund Zeit, sich in der neuen Familie zurechtzufinden. Die erste Erziehung sollte vor allem spielerisch erfolgen, da der Welpe erst Vertrauen zu Ihnen aufbauen muss.

Bindungsspiele für den Aufbau einer Beziehung zwischen Hund und Mensch

Damit die weitere Erziehung des Hundes funktioniert, muss zuerst eine stabile Vertrauensbasis aufgebaut werden. Das können Sie mit Bindungsspielen erreichen.

Das „Wo ist denn dein Leckerli"-Spiel

Mit diesem Spiel können Sie den Hund darauf trainieren, seinen Namen zu erkennen.

Sie benötigen: Leckerli und Geduld

Dauer: zwei bis drei Minuten

Spielen Sie das Spiel nicht zu lange. Der Welpe ist noch nicht in der Lage, sich für längere Zeit zu konzentrieren. Starten Sie das Spiel nicht, während der kleine Hund mit anderen Dingen beschäftigt ist. Warten Sie, bis er sich in Ihrer Nähe befindet. Dann setzen Sie sich zu dem Welpen auf den Boden. Zeigen Sie ihm das Leckerli. Sobald er daran schnüffelt, sagen Sie seinen Namen.

Wiederholen Sie dieses Training mehrmals am Tag. Loben und streicheln Sie den Welpen nach jeder Trainingseinheit. Um zu erfahren, ob der Hund seinen Namen schon erkennt, warten Sie, bis er sich in einiger Entfernung befindet. Rufen Sie den Namen des Welpen. Dreht sich der Hund zu Ihnen um, hat er den Namen mit seiner Person verknüpft. Er weiß, dass er von Ihnen so angesprochen wird.

Jetzt können Sie das Spiel variieren. Nehmen Sie das Leckerli in eine Hand und schließen Sie diese zur Faust. Rufen Sie den Hund und halten Sie ihm beide Hände hin. Schnüffelt er an der richtigen Hand, erhält er das Leckerli.

Zeigen Sie dem Welpen das Leckerli und halten Sie es so, dass der Hund Ihnen in die Augen schauen muss. Schaut Sie der Welpe an, sagen Sie seinen Namen und geben ihm die Belohnung. Wiederholen Sie dieses Spiel mehrmals am Tag.

Der Welpe lernt, dass er Ihnen vertrauen kann. Im Hunderudel ist es eigentlich nicht üblich, dass sich Hunde für längere Zeit in die Augen schauen. Der Welpe muss also etwas lernen, was in der Hundesprache als Unhöflichkeit, ja sogar als Angriff, gilt.

Mit dem Blick in Ihre Augen und der anschließenden Belohnung lernt der kleine Hund, dass er Ihnen vertrauen kann. Sie bedrohen ihn nicht, wenn er in Ihre Augen schaut, sondern belohnen ihn. Mit jedem durchgeführten Spiel wird die Vertrauensbasis tiefer und stabiler.

Die Basiserziehung muss immer spielerisch erfolgen. Der Welpe lernt dabei die ersten Regeln, die für ein reibungsloses Zusammenleben notwendig sind.

„Das ist für dich tabu"-Spiel

Der Welpe sollte bereits lernen, dass er an bestimmten Gegenständen nicht kauen darf. Am einfachsten wird diese Übung mit einem alten Schuh veranstaltet.

Sie benötigen: einen Schuh
Dauer: drei bis fünf Minuten

Setzen Sie sich neben den Welpen und beginnen Sie, den Schuh zu bewegen. Dadurch wird der Gegenstand für den Welpen interessanter. Beginnt er, an dem Schuh zu kauen, sagen Sie Nein und schubsen Sie den Hund zur Seite. Das wiederholen Sie so oft, bis der Hund aufhört, mit dem Schuh zu spielen. Um das Lernen zu beschleunigen, können Sie dem Welpen auch ein Alternativverhalten anbieten. Legen Sie neben den Schuh ein Kaustangerl für Welpen. Spielt der Welpe mit dem Kausnack, wird er belohnt. Entscheidet er sich für den Schuh, wird er weggestoßen. Schon nach wenigen Tagen hat der Welpe gelernt: Mit Schuhen darf ich nicht spielen.

Üben der Beißhemmung

Die Zähne des Welpen sind noch klein und spitz. Beißt er in Ihre Hand, ist das unangenehm, führt aber nicht zu schweren Verletzungen. Bei einem ausgewachsenen Deutschen Schäferhund sieht das schon anders aus. Deshalb muss bereits der Welpe lernen, dass die Zähne nicht bei einem Spiel eingesetzt werden dürfen.

Die erste Grundlage der Beißhemmung wird dem Welpen von seiner Mutter vermittelt. Setzt er beim Trinken oder Spielen seine Zähne ein, wird er von der Mutter gemaßregelt.

Dieses Verhalten können Sie weiter fortsetzen. Spielen Sie mit dem Welpen. Eskaliert das Spiel und wird der kleine Hund immer wilder, beenden Sie das Spiel, indem Sie Nein sagen und die Hand wegziehen. Erst dann, wenn sich der Welpe beruhigt hat, wird das Spiel wieder aufgenommen. Der Welpe lernt: Wenn ich zubeiße, kann ich nicht mehr spielen. Also setze ich die Zähne nicht mehr ein.

Welche Kommandos sollte ein Welpe bereits spielerisch lernen:

- Sitz
- Platz
- Bleib
- Schau
- Komm
- Bei Fuß
- Ruhe

Wie Sie Ihrem Hund diese Kommandos vermitteln, können Sie in Kapitel 4.3 „Grundlegende Befehle erlernen" nachlesen.

Soll der Welpe schon eine Hundeschule besuchen?

Für eine Hundeschule, an der ein striktes Trainingsprogramm mit verschiedenen Hunden absolviert wird, ist es noch zu früh. Besser geeignet ist eine Welpenspielgruppe. Der Trainer stellt für diese Hundegruppe Hunde zusammen, die im Alter und in der Größe zueinander passen. So muss sich ein Chihuahua-Welpe nicht davor fürchten, dass plötzlich ein riesiger Doggen-Welpe auf ihn zustürmt. Da alle Hunde gleich alt und groß sind, können sie problemlos zusammen spielen. Während des Spiels lernen die Welpen verschiedene Gegenstände kennen. Dazu gehören zum Beispiel Regenschirme, die aufgespannt werden, Spazierstöcke, Einkaufswagen und Fahrräder. Schon nach kurzer Zeit haben sich die Welpen an die neuen Gegenstände gewöhnt. Begegnen ihnen diese in ihrem Alltag, reagieren sie auf die bereits bekannte Situation nicht mehr ängstlich und gestresst.

Voraussetzung für den Besuch einer Welpenspielstunde ist, dass der Welpe die wichtigsten Impfungen bereits erhalten hat. Der Hund muss gesund und entwurmt sein, damit er andere Welpen nicht anstecken kann.

Muss ein Deutscher Schäferhund-Welpe anders behandelt werden als die Welpen anderer Hunderassen?

Bei der Erziehung eines Hundes gilt für alle Hunderassen ein Grundsatz: Die Erziehung muss immer konsequent und liebevoll erfolgen. Das Lernen findet durch eine positive Verstärkung statt. Natürlich sind Korrekturen des Verhaltens notwendig. Die Hunde dürfen aber nie mit körperlicher Gewalt bestraft werden.

Bei der Erziehung eines Deutschen Schäferhundes muss bedacht werden, dass die Vierbeiner sehr intelligent, neugierig und leicht zu erziehen sind. Der Hund muss in dem Training einen Vorteil für sich erkennen, um gerne mitzumachen.

Der Deutsche Schäferhund lernt sein ganzes Leben lang. Er will ständig neue Dinge kennenlernen. Das macht die Hunde auch zu idealen Filmstars, denen Tricks mit einem Clicker beigebracht werden. Der Deutsche Schäferhund hat Spaß am Lernen – vorausgesetzt, er kann das Training mit seiner Bezugsperson absolvieren und wird immer ausgiebig gelobt.

4.2 Die Körpersprache des Hundes verstehen und deuten

Damit die Erziehung eines Deutschen Schäferhundes gut funktioniert, sollten Sie zuerst die Sprache der Hunde verstehen lernen.

Hunde können auf vielseitige Weise mit Artgenossen und Menschen kommunizieren:

- Duftsprache
- Lautsprache
- Körpersprache

Die Duftsprache ist vor allem für die Kommunikation mit Artgenossen und anderen Tieren gedacht. Der Deutsche Schäferhund setzt mit seinem Urin und Kot Duftmarken ab, die anderen Tieren signalisieren: Hier ist mein Revier.

Jeder Hund hat seinen eigenen unverwechselbaren Körpergeruch, mit dem seine Zugehörigkeit zu einer Hundegruppe erkannt werden kann. Kommt es zu Abweichungen im Geruch, zum Beispiel durch die Verabreichung von Medikamenten, kann es vorkommen, dass bekannte Hunde bei der nächsten Begegnung zuerst mit Misstrauen reagieren.

Die Lautsprache

Hunde bellen nicht nur: Sie winseln, heulen und knurren in den verschiedensten Tonlagen.

Das Heulen dient vor allem der Kommunikation über weite Entfernungen. Die Hunde legen dabei den Kopf in den Nacken und beginnen mit einem langen Heulton. Anders als bei den Wölfen, die harmonisch heulen, hat jeder Hund sein eigenes Heulmuster. Stimmen andere Hunde in den Chor mit ein, kann das sehr disharmonisch klingen. Das Heulen teilt den anderen Rudelmitgliedern mit, wo sich der Hund befindet, oder macht eine läufige Hündin auf einen Rüden aufmerksam.

Beim Knurren muss zwischen einem tiefen Grollen, auf das ein Angriff folgen kann, und einem lustigen Knurren, das eine Aufforderung zum Spiel ist, unterschieden werden. Auch das Bellen kann in den verschiedensten Tonlagen stattfinden. Wenn Sie länger mit Ihrem Deutschen Schäferhund zusammenleben, werden Sie an den unterschiedlichen Tonlagen erkennen können, wie sich Ihr Hund fühlt.

Die Körpersprache des Deutschen Schäferhundes

Dieser Teil der Kommunikation ist für den Hundehalter besonders wichtig. Über die Körpersprache signalisiert der Deutsche Schäferhund seine Gefühle oder das Empfinden von Stress. Gerade in der Erziehung muss die Körpersprache eines Hundes immer genau beachtet werden, damit der Hund nicht überfordert wird.

Der Deutsche Schäferhund ist entspannt

Beim Liegen ist der Körper des Hundes ausgestreckt. Die Rute wird lokker nach hinten gelegt. Der Hund döst mit halbgeschlossenen Augen oder schläft auf der Seite oder dem Rücken liegend. Die Beine liegen locker auf dem Boden.

Beim Laufen wird die Rute locker, nach unten hängend, getragen. Die Ohren sind aufgestellt und die Augen blicken aufmerksam in die Gegend. Die Muskeln sind entspannt, der Kopf ist aufrecht oder beim Schnüffeln auf den Boden gerichtet. Die Lefzen bedecken den geschlossenen Mund. Die Zähne sind nicht sichtbar.

Der Deutsche Schäferhund ist aufgeregt

Aufregung kann positiv oder negativ sein. Die Muskeln des Hundes sind leicht angespannt. Die Ohren sind nach vorne gerichtet. Der Mund ist leicht angespannt. Durch die Nase wird die Luft eingesogen, um fremde Gerüche schneller wahrnehmen zu können. Die Rute ist leicht angehoben und angespannt. Sie bewegt sich langsam von rechts nach links. Wird die Aufregung größer, peitscht die Rute schnell von einer Seite auf die andere. Die Beine sind durchgestreckt. Mit den weit geöffneten Augen blickt sich der Deutsche Schäferhund um, damit eine sich nähernde Bedrohung rechtzeitig erkannt werden kann. Bei einer freudigen Erregung zittert der ganze Körper des Deutschen Schäferhundes in einem Rhythmus mit der Rute. Alles schwingt hin und her. Der Hund ist vor Freude außer sich und winselt bei den Bewegungen.

Das Wedeln mit der Rute führt zu einem der häufigsten Missverständnisse zwischen Hunden und Menschen. Der Mensch denkt, dass ein wedelnder Hund immer freundlich ist und gestreichelt werden will. Dem ist aber nicht immer so. Wedeln bedeutet lediglich: Ich bin aufgeregt. Erfolgt durch die Missdeutung des Schwanzwedelns eine zu schnelle Annäherung, kann sich der Hund verteidigen und zubeißen.

Der Deutsche Schäferhund ist unsicher und ängstlich

Bei einem ängstlichen Hund ist die Körperhaltung geduckt. Die Beine knicken leicht ein. Der Hund macht sich kleiner, um der Bedrohung zu signalisieren: Ich bin ganz klein und ungefährlich. Tu mit nichts. Die Rute wird zwischen die Beine geklemmt. Der Kopf ist gesenkt und von der Bedrohung abgewendet. Die Ohren sind leicht nach rückwärts angelegt. Unsichere Hunde klemmen beim Liegen die Rute immer unter den Bauch. Sie wenden ihre empfindliche Seite, den Bauch, nie nach oben, um die Gefahr nicht noch zu erhöhen.

Der Deutsche Schäferhund ist aufmerksam

Aufmerksamkeit ist einer der Grundzüge des Wesens eines Deutschen Schäferhundes. Der Körper ist hoch aufgerichtet, die Muskulatur ist angespannt. Die Beine sind gestreckt. Der Kopf ist angehoben und der Hund wittert, um besondere Gerüche zu erkennen. Die Ohren bewegen sich in alle Richtungen, damit Geräusche schnell lokalisiert werden können. Die Rute ist angespannt und leicht angehoben. Der Deutsche Schäferhund zeigt deutlich: Sobald etwas passiert, bin ich sofort bereit, zu reagieren.

Der Deutsche Schäferhund fühlt sich bedroht

Bemerkt der Deutsche Schäferhund eine drohende Gefahr, nimmt er eine Abwehrhaltung ein. Die Beine werden durchgestreckt, der Körper ist angespannt. Um größer zu erscheinen, werden die Haare im Nakkenbereich und der Mittellinie des Rückens gesträubt. Der Kopf wird nach oben gehalten. Die Ohren sind leicht zurückgelegt. Die Lefzen werden etwas angehoben. Ein Teil der Zähne ist sichtbar. Die Augen sind geöffnet und beobachten aufmerksam die Umgebung. Die Rute ist angespannt und leicht nach oben angehoben.

Der Deutsche Schäferhund greift an

Die Ohren des Hundes sind eng an den Kopf angelegt. Die gesamte Muskulatur ist für die Vorbereitung auf den Sprung angespannt. Der Mund ist geöffnet, die Zähne sind deutlich sichtbar. Kurz vor dem Angriff weiten sich die Pupillen und der Hund springt der Bedrohung entgegen.

Der Deutsche Schäferhund fordert zum Spielen auf

Der Deutsche Schäferhund spielt lang und gerne. Möchte er mit seinem Menschen oder einem anderen Hund ein Spiel beginnen, nimmt er eine typische Spielhaltung ein. Die Hinterbeine sind gestreckt und die Rute ist angehoben. Ein leichtes Wedeln mit dem Schwanz ist zu erkennen. Die Vorderbeine werden ausgestreckt auf den Boden gelegt. Auch der Brustkorb berührt den Boden. Der Kopf ist angehoben. Die Augen blicken direkt auf den Spielpartner. Ein aufforderndes Bellen ertönt. Die Lefzen sind entspannt und leicht nach hinten gezogen. Es sieht aus, als ob der Hund lacht.

Die Calming Signals

Im Rudel muss das Zusammenleben der einzelnen Tiere funktionieren. Verletzungen durch Streitigkeiten schwächen immer das ganze Rudel. Damit innerhalb des Rudels kein Stress entsteht, senden die Hunde Calming Signals aus.

Zu den Calming Signals gehören:

- Lecken der Schnauze
- Gähnen
- Abwenden des Kopfes
- Blinzeln
- Dem Gegenüber den Rücken zuwenden
- Langsame Bewegungen
- Einen Bogen laufen
- Ruhiges Hinlegen
- Unmotiviertes Schnüffeln am Boden
- Anheben der Vorderpfote
- Harn absetzen
- Splitten

Das Lecken der Schnauze

Ein deutliches Beruhigungszeichen ist ein Lecken der seitlichen Schnauze. Der Deutsche Schäferhund fühlt sich überfordert und gestresst. Mit dem Lecken möchte er den Stress abbauen und gleichzeitig dem Gegenüber signalisieren: Ich habe keine bösen Absichten.

Das Gähnen

Der Deutsche Schäferhund gähnt mit einem weit geöffneten Mund. Die Zunge wird dabei locker etwas herausgestreckt. Die Mimik zeigt deutlich: Ich bin keine Gefahr.

Abwenden des Kopfes

Ein direkter Blickkontakt zwischen Hunden stellt in der Hundesprache einen Angriff dar. Um eine Situation zu entschärfen, wendet der Deutsche Schäferhund den Kopf ab. Der Blick ist nach der Seite gerichtet.

Blinzeln

Ein Zukneifen der Augen soll zeigen: Ich bin keine Bedrohung für dich. Schau nur: Ich blinzle dir zu und nehme dafür in Kauf, dass ich weniger sehe.

Den Rücken zuwenden

Im Rudel liegen die einzelnen Hunde nie Kopf an Kopf. Sie wenden sich gegenseitig den Rücken zu. Dadurch wird signalisiert: Ich zeige dir meinen Rücken, weil ich in dir keine Gefahr sehe.

Langsame Bewegungen

Bei Begegnungen mit unbekannten Hunden beginnt der Deutsche Schäferhund, sich sehr langsam zu bewegen. Der Gang ist nicht mehr zielstrebig. Er setzt einfach langsam eine Pfote vor die andere. Der Körper signalisiert deutlich: Ich bin nicht zu einem Sprung bereit. Ich werde nicht angreifen.

Einen Bogen laufen

Begegnen sich zwei unbekannte Hunde, schlägt häufig einer der Hunde einen Bogen. Er möchte zwischen sich und den Artgenossen einen größeren Abstand bringen. Der Bogen signalisiert dem Gegenüber: Ich bin nicht auf einen Angriff aus, sondern weiche dir aus. Ich räume den Platz. Leider wird dieses Verhalten durch die Leine stark eingeschränkt. Hundehalter, die schon schlechte Erfahrungen bei anderen

Hundebegegnungen gemacht haben, nehmen die Leine ganz kurz und spannen sie an. Der Hund hat keine Möglichkeit mehr, einen Bogen zu laufen, sondern muss direkt auf den anderen Hund zugehen. So sieht ein Angriff, der von beiden Hunden vielleicht nicht gewollt ist, aus. Die Situation ist voller Stress.

Ruhiges Hinlegen

Durch das langsame Legen auf den Boden zeigt der Deutsche Schäferhund, dass er keinen Angriff beabsichtigt. Er macht sich kleiner, um das Gegenüber nicht zu provozieren.

Schnüffeln am Boden

Der Deutsche Schäferhund beginnt, kurz vor der Begegnung den Kopf zu senken und am Boden zu schnüffeln. Er zeigt: Du interessierst mich nicht. Geh einfach vorbei.

Absetzen von Harn

Hunde besitzen einen sehr guten Geruchssinn, sehen aber unscharf. Durch das Absetzen von Urin vermitteln sie über die Duftsprache dem anderen Hund Informationen. Aus dem Geruch kann ein Hund Alter, Geschlecht, Emotionen und Gesundheitszustand des anderen Hundes herauslesen.

Splitten

Splitten ist ein Verhalten, das meistens von Alpha-Tieren gezeigt wird. Kommen sich zwei Hunde zu nahe und beginnen einen Streit, stellt sich ein dritter Hund einfach zwischen die beiden Tiere. Der dritte Hund kann auch zwischen den anderen Hunden durchlaufen. Dadurch wird der Abstand zwischen den Rivalen wieder vergrößert. Die Distanz wirkt beruhigend.

Calming Signals oder Beschwichtigungssignale sind in der Hundesprache ein wichtiges Kommunikationsmittel, um Streitigkeiten zu vermeiden und dem Gegenüber die eigenen Emotionen mitzuteilen.

Wie können Sie die Calming Signals bei der Erziehung nutzen?

Fühlt sich der Deutsche Schäferhund bei dem Training gestresst und überfordert, setzt er Calming Signals ein. Er gähnt, blinzelt, wendet den Kopf ab und leckt seine Schnauze. Auf diese Anzeichen sollten Sie immer sofort reagieren und das Training unterbrechen. Wenn Sie trotzdem weiterarbeiten, werden Sie keinen Lernerfolg sehen. Denn Stress ist der größte Feind des Lernens.

4.3 Grundlegende Befehle erlernen

Beherrscht der Hund die Grundkommandos, erleichtert das das Zusammenleben der ganzen Familie. Auf den Grundkommandos kann später ein weiteres Training wie Longieren oder Mantrailing aufgebaut werden.

4.3.1 Sitz

Sitz kann bereits spielerisch mit dem Welpen geübt werden. Der Deutsche Schäferhund lernt, sich ruhig zu setzen. Der Oberkörper bleibt angehoben, die Vorderbeine sind durchgestreckt. Der Blick des Hundes ist auf den Hundehalter gerichtet. Abhängig von der Situation ist es erwünscht, dass der Deutsche Schäferhund vor dem Hundehalter oder an seiner rechten Seite sitzt.

Nehmen Sie ein Leckerli in die Hand und zeigen Sie es dem Hund. Jetzt führen Sie das Leckerli zwischen den Augen des Deutschen Schäferhundes nach oben. Gehen Sie mit der Hand immer weiter nach oben.

Die Wirbelsäule des Hundes kann nur bis zu einem gewissen Grad gebogen werden. Will der Hund das Leckerli weiter mit den Augen verfolgen, muss er sich setzen. In diesem Moment sagen Sie Sitz und geben dem Hund das Leckerli.

Denken Sie daran, dass eine Übung bis zu tausendmal wiederholt werden muss, damit sich das Kommando im Gehirn verankert.

Hat der Deutsche Schäferhund den Befehl mit der Handlung verknüpft, können Sie ein zusätzliches Handzeichen einführen. Halten Sie die Hand leicht nach oben. Die Handfläche ist auf den Hund gerichtet. Der Vorteil von Handzeichen besteht darin, dass Befehle auch an Hunde mit Hörproblemen vermittelt werden können.

4.3.2 Platz

Befolgt Ihr Deutscher Schäferhund den Befehl Sitz fehlerlos, können Sie dazu übergehen, das nächste Kommando zu lernen. Nehmen Sie wieder ein Leckerli in die Hand. Diesmal zeigen Sie Ihrem Hund das Lekkerli und schließen danach die Hand zur Faust. Halten Sie die Hand vor die Nase des Hundes, damit dieser den verlockenden Geruch wahrnimmt. Senken Sie jetzt die Hand in Richtung des Bodens. Der Hund folgt der Hand mit seiner Nase. Sobald er sich auf den Boden legt, sagen Sie Platz und geben dem Hund das Leckerli. Auch für das Kommando Platz gibt es ein Handzeichen. Sie halten Ihre Hand waagrecht. Die Handfläche ist gegen den Boden gerichtet.

Einige Hunde haben Probleme, den Unterschied zwischen Sitz und Platz zu erkennen. Das liegt daran, dass die Hunde vor allem die letzte Silbe eines Wortes hören. Bei Sitz und Platz ist da kein Unterschied vorhanden. Um dem Hund das Training zu erleichtern, können Sie die beiden Begriffe gegen die Wörter Sit und Down vertauschen. Jetzt kann auch Ihr Hund jeden Befehl deutlich zuordnen.

4.3.3 Steh

Das Kommando Steh ist sehr wichtig. Es signalisiert dem Hund, dass er nicht weiterlaufen darf. In der Stadt sollte dieses Kommando immer vor dem Überqueren einer Straße verwendet werden.

Nehmen Sie mit der Leine Kontakt zu Ihrem Hund auf. An der Gehsteigkante sagen Sie Steh und spannen die Leine leicht an. Bleibt der Hund stehen, wird er gelobt und erhält eine Belohnung. Das Kommando dient dazu, die Sicherheit im Straßenverkehr für Ihren Hund zu erhöhen. Das Handzeichen für Steh ist ein angehobener Finger.

Das Kommando wird nicht nur im Straßenverkehr, sondern auch im freien Gelände benötigt. Sie wollen andere Tiere beobachten? Vor Ihnen quert Wild den Weg? Dann nutzen Sie das Kommando Steh, damit Ihr Hund nicht vorwärtsstürmt, sondern an Ihrer Seite bleibt.

4.3.4 Bleib

Bleib ist für Hunde schwierig zu erlernen. Das Training für dieses Kommando sollte erst erfolgen, wenn der Hund die anderen Grundkommandos gut beherrscht.

Am besten beginnen Sie das Training mit einer Schleppleine. Geben Sie den Befehl Platz. Sobald sich der Hund hingelegt hat, nehmen Sie die Schleppleine in die Hand und sagen Bleib. Entfernen Sie sich einige Schritte von Ihrem Hund. Bleibt der Deutsche Schäferhund auf seinem Platz liegen, kommen Sie zurück und geben ihm eine Belohnung. Steht er auf oder robbt er in Ihre Richtung, bringen Sie den Hund wieder an den Ausgangspunkt zurück – und beginnen die Übung von vorne.

Nach einiger Zeit können Sie die Leine weglassen. Entfernen Sie sich immer weiter von Ihrem Deutschen Schäferhund. Als letzte Schwierigkeitsstufe gehen Sie um eine Hausecke. Der Hund kann Sie jetzt nicht mehr sehen. Er muss trotzdem ruhig auf dem zugewiesenen Platz liegen bleiben. Damit diese Übung funktioniert, muss zwischen dem Hund und Ihnen eine gute Bindung bestehen. Ihr Hund verlässt sich darauf, dass Sie immer wieder zu ihm zurückkehren.

Natürlich erhält der Deutsche Schäferhund nach jeder richtig ausgeführten Übung Lob, Streicheleinheiten und ein Leckerli.

4.3.5 Komm

Das Grundkommando Komm wird benötigt, um den Hund zu sich zu rufen. Legen Sie den Deutschen Schäferhund ab und geben Sie das Kommando Bleib. Dann entfernen Sie sich ein Stück von dem Hund. Auf den Befehl Komm darf der Hund aufstehen und zu Ihnen laufen. Dort muss er sich ohne weiteren Befehl frontal vor Sie setzen und auf seine Belohnung warten.

Das Grundkommando Komm kann vielseitig eingesetzt werden. Sie können den Hund auf der Hundewiese abrufen oder ihn vor einem Spaziergang zu sich rufen, damit Sie die Leine und das Brustgeschirr anlegen können.

4.3.6 Schau

Bei einem Spaziergang sind Begegnungen mit fremden Hunden oder für den Deutschen Schäferhund beängstigende Situationen keine Seltenheit. Um Ihren Hund von den vermeintlichen Gefahren ablenken zu können, ist das Kommando Schau sehr nützlich.

Schau kann als Markerwort eingesetzt werden. Sie lenken damit die Aufmerksamkeit des Hundes auf sich.

Beginnen Sie mit dem ersten Training in der Wohnung, damit der Hund nicht durch Umgebungsgeräusche abgelenkt wird. Rufen Sie Ihren Deutschen Schäferhund zu sich. Sagen Sie Schau. Der Hund hört das Wort und wird zu Ihnen schauen, um auf das nächste Kommando zu warten. Sofort geben Sie ihm ein Leckerli. Wiederholen Sie auch diese Übung mehrmals täglich. Jetzt können Sie ausprobieren, ob der Befehl jederzeit abrufbar ist. Ihr Hund ist gerade mit einem Spielzeug beschäftigt? Sagen Sie Schau. Wendet der Hund den Kopf und sieht Sie an, erhält er eine Belohnung.

Das nächste Training findet bei einem Spaziergang statt. Ein unbekannter Hund kommt Ihnen entgegen. Hat sich Ihr Hund früher auf den Artgenossen konzentriert, wird das jetzt nicht mehr der Fall sein. Sagen Sie deutlich das Markerwort Schau. Selbst wenn Ihr Hund den Artgenossen bereits bemerkt hat, wendet er sich Ihnen zu. Die vermeintliche Gefahr wird nicht mehr beachtet. Und schon sind Sie an dem anderen Hund vorbeigegangen.

Schau kann spielerisch auch bereits mit einem Welpen geübt werden. Das Gehirn des kleinen Hundes muss sich aber erst entwickeln. Sind genügend Nervenbahnen aufgebaut, merkt sich der Welpe das Markerwort und reagiert entsprechend.

4.3.7 Bei Fuß

Auf Spaziergängen ist es wichtig, dass der Hund nicht an der Leine zieht. Nicht er, sondern Sie bestimmen die Richtung. Damit der Spaziergang entspannt und ohne Stress verläuft, ist es wichtig, dass der Hund das Kommando Bei Fuß beherrscht. Sie können den Befehl mit einem Clicker oder mit dem Wortsignal trainieren.

Training mit dem Wortsignal:

Nehmen Sie Ihren Hund an die Leine und gehen Sie einige Schritte. Halten Sie in der Hand ein Leckerli, das Sie Ihrem Vierbeiner zeigen. Um den Snack zu erhalten, wird der Hund direkt neben Ihnen laufen. Sagen Sie Bei Fuß und geben Sie dem Hund die Belohnung. Sollte der Hund auf der Straße zu sehr abgelenkt sein, können Sie mit den ersten Übungen auch in der Wohnung beginnen.

Training mit dem Clicker:

Ihr Deutscher Schäferhund ist bereits auf einen Clicker konditioniert? Sehr gut. Dann starten wir mit der beliebten Target-Übung, die die Grundlage für viele weitere Übungen bildet.

Legen Sie einen Target-Stab, das ist ein gerader Stab mit einem rot markierten Ende auf den Boden. Berührt der Hund mit seiner Schnauze den Stab, clicken Sie und belohnen Sie Ihren Vierbeiner. Nach einiger Zeit erhält der Hund seine Belohnung nur mehr, wenn er die rote Markierung berührt. Beherrscht Ihr Hund diesen Trainingsschritt, können Sie mit dem Üben des Kommandos Bei Fuß beginnen. Halten Sie den Stab neben Ihrem rechten Bein. Nehmen Sie die Leine des Hundes und gehen Sie einige Schritte. Berührt Ihr Hund die rote Markierung, sagen Sie Bei Fuß, clicken und belohnen Sie den Hund. Schnell wird der Deutsche Schäferhund das Kommando mit dem Gang neben Ihnen verbinden.

4.3.8 Ruhig

Der Deutsche Schäferhund besitzt einen sehr ausgeprägten Wachinstinkt. Nähern sich fremde Personen, beginnt er, zu bellen, um den Menschen auf die Annäherung aufmerksam zu machen. Bellt der Hund häufig, kann das zu Problemen mit den Nachbarn führen.

Mit dem Kommando Ruhig erreichen Sie, dass Ihr Hund nicht weiter bellt, sondern nur mehr aufmerksam seine Umgebung beobachtet.

Hunde bellen in vielen Situationen. Zum Beispiel, wenn sie allein gelassen werden, oder bei einem aufregenden Spiel. Damit der Hund aufhört, zu bellen, sollten Sie ihm ein Alternativverhalten anbieten.

Animieren Sie Ihren Hund bei dem Training zum Bellen. Geben Sie das Kommando Ruhig und halten Sie Ihrem Hund gleichzeitig ein Leckerli vor die Schnauze. Um das Leckerli fressen zu können, muss der Hund das Bellen einstellen. Loben Sie Ihren Vierbeiner sofort, wenn er nicht mehr bellt. Trainieren Sie jetzt das Kommando in den verschiedensten Situationen. Nach einiger Zeit ist es nicht mehr notwendig, dem Deutschen Schäferhund das Leckerli zu zeigen. Er wird auf das Kommando Ruhig reagieren und nicht mehr bellen. Dass er seine Belohnung durch dieses erwünschte Verhalten erhält, ist dem Hund durchaus bewusst.

4.3.9 Allein bleiben

Für ein reibungslos funktionierendes Zusammenleben ist es wichtig, dass Ihr Hund lernt, für kurze Zeit allein zu bleiben. Nicht in jeder Situation ist es möglich, den Hund mitzunehmen. Beim Einkauf darf der Vierbeiner Lebensmittelgeschäfte nicht betreten und auch auf Ämtern ist die Mitnahme eines Hundes meistens nicht erwünscht.

Beginnen Sie schon nach der Eingewöhnungsphase mit dem Training. Es sollte aber bereits eine stabile Vertrauensbasis zwischen Ihnen und Ihrem Deutschen Schäferhund bestehen.

In den ersten Wochen wird Ihnen der Schäferhund-Welpe ständig folgen. Das Verhalten ist für einen jungen Hund normal, da er sich erst in der Umgebung orientieren muss, um selbstständiger zu werden. Wenn Sie mit dem Training für das Allein-bleiben beginnen, sollte der Hund bereits eine gute Beziehung zu Ihnen aufgebaut haben.

Am Anfang ist es ausreichend, wenn Sie das Zimmer verlassen. Geben Sie dem Welpen vorher einen Kausnack, damit er beschäftigt ist. Die Zimmertüre sollte offen bleiben, damit der Welpe Sie sehen und hören kann. Nach einigen Tagen schließen Sie zufällig die Türe. Warten Sie eine halbe Minute und kommen Sie dann zurück. Hören Sie Ihren Hund winseln, brechen Sie die Übung sofort ab und gehen wieder zu ihm. Es ist allerdings wahrscheinlicher, dass der Welpe Ihre kurze Abwesenheit durch das Kauen gar nicht bemerkt.

Hat sich der Welpe an die Situation gewöhnt, können Sie die Wohnung verlassen. Warten Sie vor der Eingangstüre, ob Sie irgendeine Reaktion des Welpen wahrnehmen können. Sobald Sie zurückkommen, belohnen Sie den Hund sofort.

Damit es dem Hund leichter fällt, sollten Sie sich nicht aufwendig verabschieden. Schicken Sie den Vierbeiner einfach auf seine Decke und geben Sie ihm einen Kausnack oder einen gefüllten Kong. Der Hund ist nicht beunruhigt und wird Ihre Abwesenheit immer länger dulden.

4.3.10 Warte

Warte ist ein besonders wichtiges Kommando. Es wird bei dem Training der Impulskontrolle verwendet. Das Training für dieses Kommando ist nicht für Welpen geeignet. Ein Welpe kann sich noch nicht richtig konzentrieren und seine Reaktionen beherrschen. Erst, wenn die Entwicklung des Gehirns abgeschlossen ist, kann der Hund seine Reflexe kontrollieren.

Legen Sie ein Leckerli vor sich auf den Boden. Zeigen Sie es Ihrem Hund und sagen Sie gleichzeitig Warte. Der Hund darf das Leckerli erst beschnüffeln und fressen, wenn das Freigabe-Kommando erfolgt. Versucht er vorher, sich dem Leckerli zu nähern, decken Sie es mit Ihrem Fuß ab.

Sie können die Übungen auch mit der Hand ausführen. Der Hund darf das Leckerli ansehen. Will er es zu früh fressen, schließen Sie die Hand zu einer Faust.

Hunde, die schon über eine gute Impulskontrolle verfügen, können die Übung in einer noch schwereren Form durchführen. Das Leckerli wird auf den Nasenrücken des Deutschen Schäferhundes gelegt. Der Hund sieht und riecht das Leckerli, darf es aber erst nach der Freigabe fressen.

4.4 Regeln aufstellen

Damit das gemeinsame Leben gut funktioniert, benötigt auch der Deutsche Schäferhund feste Regeln und Routinen. Der Hund muss wissen, was von ihm erwartet wird und welche Verhaltensweisen er unterlassen soll.

Diese Regeln müssen von allen Familienmitgliedern in gleicher Weise befolgt werden, damit der Deutsche Schäferhund nicht unsicher und verwirrt wird. Die Regeln führen nicht zu einer schlechten Behandlung des Hundes. Er leidet nicht darunter. Im Gegenteil: Durch die Regeln ermöglichen Sie dem Hund, sich zu orientieren, und vermitteln ihm ein sicheres Umfeld.

Natürlich sollte der Deutsche Schäferhund die Regeln nicht durch Bestrafung erlernen. Hier gilt das Gleiche wie beim Einüben der verschiedenen Kommandos: Durch positive Verstärkung und Belohnung lernen die intelligenten Deutschen Schäferhunde am schnellsten.

Welche Regeln sinnvoll sind, richtet sich nach der Lebensweise des Hundehalters. Beispiele sind:

- Der Hund darf nicht im Bett schlafen.
- Der Hund darf am Tisch nicht betteln.
- Der Hund darf erst auf die Couch, wenn seine Decke darauf liegt.
- Der Hund darf den Garten nicht umgraben.

Überlegen Sie vor der Anschaffung des Hundes, welche Regeln für Sie wichtig sind. Der Deutsche Schäferhund soll ja schließlich kein trainiertes Zirkustier werden, sondern seine eigenständige und selbstbewusste Persönlichkeit behalten.

Da die Menschen von dem Hund als Gefährte und gleichwertige Sozialpartner anerkannt werden, ist das Einhalten von Regeln für die Vierbeiner normalerweise kein Problem. Auch in einem Rudel müssen von allen Tieren bestimmte Regeln befolgt werden. Die Regeln bewahren den Deutschen Schäferhund vor Schäden und Gefahren und verhindern, dass der Hund, anders als wildlebende Wölfe, nach einiger Zeit das Rudel verlässt, um eine eigene Familie zu gründen. Das Aufstellen von Regeln hilft also auch, den Hund als vollwertiges Familienmitglied zu halten.

4.4.1 Menschen dürfen nicht angesprungen werden

Das Anspringen von Menschen zur Begrüßung wird von manchen Personen als Bedrohung empfunden. Auch bei Schlechtwetter verursachen Verschmutzungen der Kleidung durch nasse Hundepfoten Ärger.

Damit der Deutsche Schäferhund nicht an Personen hochspringt, können Sie ein einfaches Training durchführen. Immer wenn der Hund an Ihnen hochspringt, drehen Sie sich zur Seite und sagen Nein oder ignorieren den Hund. Da er mit seinem Verhalten keinen Erfolg hat, springt Ihr Hund nach kurzer Zeit nicht mehr an Ihnen hoch.

4.4.2 Am Tisch wird nicht gebettelt

Das menschliche Essen ist für Hunde nicht geeignet. Gewürze und Salz können die Nieren schädigen. Zwiebel und Knoblauch sind sogar giftig für den Hund.

Schicken Sie den Hund beim Essen immer auf seinen Platz. Geben Sie ihm als Alternative einen leckeren Kausnack, der für ihn bekömmlicher ist als Happen vom Tisch. Ist der Hund daran gewöhnt, dass er bei Tisch nicht betteln darf, ist die Mitnahme bei einem Restaurantbesuch kein Problem.

4.4.3 An der Leine wird nicht gezogen

Ziehen an der Leine ist eine für den Menschen besonders anstrengende Unart. Der Hund legt sich mit seinem ganzen Gewicht in die Leine.

Schnell ermüdet Ihr Arm. Noch schlimmer ist es, wenn der Hund ruckartig an seiner Leine zieht. Hier wirkt das Achtfache seines Gewichts auf Ihren Körper, das entspricht bei einem ausgewachsenen Deutschen Schäferhund mehr als 200 Kilogramm. Schnell passieren da Unfälle.

Das Training für ein entspanntes Laufen an der Leine muss schon im Welpenalter erfolgen. Unternehmen Sie mit dem Hund einen Spaziergang. Wenn er zieht, bleiben Sie einfach stehen. Kommt der Hund nicht in die gewünschte Richtung, wird er sich umdrehen und Sie anschauen. Jetzt gehen Sie mit dem Vierbeiner in die entgegengesetzte Richtung.

Der Deutsche Schäferhund lernt schnell, dass er nicht vorwärts kommt, wenn er an der Leine zieht. Wichtig ist, dass Sie Ihren Hund loben und mit einem Leckerli belohnen, wenn er an der Leine läuft, ohne zu ziehen.

4.4.4 Stubenreinheit

Die Stubenreinheit ist sehr wichtig. Wer möchte schon ständig Harn und Kot in der Wohnung beseitigen? Welpen werden nicht von dem Züchter stubenrein übergeben. Daher sind die ersten Wochen immer eine Herausforderung für die neue Familie. Die kleinen Hunde sind körperlich noch nicht in der Lage, den Schließmuskel der Blase zu beherrschen.

Grundsätzlich sollte ein Welpe mindestens alle zwei Stunden ins Freie gebracht werden. Nach dem Fressen und Trinken muss der kleine Hund immer Harn und Kot absetzen.

Suchen Sie sich für das Training der Stubenreinheit einen ruhigen Ort, an dem der Hund nicht durch Geräusche oder Artgenossen abgelenkt ist. Gut geeignet ist eine kleine Rasenfläche. Gehen Sie mit dem Welpen zügig zu diesem Ort. Loben und belohnen Sie ihn immer sofort, wenn er sich im Freien erleichtert. Setzt der Welpe den Urin in der Wohnung ab, heben Sie ihn hoch und tragen Sie ihn schnell nach draußen.

Bestrafen Sie den Harnabsatz in der Wohnung nicht. Beseitigen Sie die Hinterlassenschaften, ohne dass der Hund Ihnen dabei zusieht. Schon nach ein bis zwei Wochen schläft der Welpe die Nacht durch oder er wird sich durch Unruhe und Fiepen melden, wenn er nach draußen muss.

Trotzdem wird in den ersten Monaten bei Aufregung und Freude immer wieder ein Malheur passieren. Erst im Alter von fünf bis sechs Monaten ist der Deutsche Schäferhund in der Lage, alle Schließmuskel zu kontrollieren.

Ein Hundeklo ist keine Abhilfe. Es verhindert nur das Erreichen der Stubenreinheit.

4.4.5 Der Maulkorb muss toleriert werden

In öffentlichen Verkehrsmitteln und bei großen Menschenansammlungen müssen in den meisten Gemeinden die Hunde einen Maulkorb tragen. Damit dieser widerstandslos toleriert wird, können Sie ein Maulkorbtraining durchführen.

Legen Sie etwas Futter in den Maulkorb und halten Sie diesen vor die Schnauze des Hundes. Der Deutsche Schäferhund wird den Maulkorb beschnüffeln und das Futter herausholen. Hat er sich an den Maulkorb gewöhnt, können Sie diesen dem Hund kurz aufsetzen. Die Schnalle sollte dabei noch nicht geschlossen werden. Füttern Sie Ihren Hund durch die Stäbe und nehmen Sie den Maulkorb wieder ab. Im nächsten Schritt wird die Schnalle des Maulkorbs geschlossen und Sie belohnen den Hund mit aufgesetztem Maulkorb. Ab diesem Zeitpunkt wird die Tragezeit immer mehr verlängert.

Das Tragen des Maulkorbs ist für den Hund selbstverständlich. Er leidet nicht darunter.

Voraussetzung dafür ist, dass der Maulkorb gut sitzt. Er darf nicht an den Augen scheuern. Die Breite muss ausreichen, dass zwischen der

Wand und der Schnauze noch Platz bleibt. Zwischen dem Nasenspiegel und der vorderen Fläche des Maulkorbs sollte ein Zentimeter Platz sein.

Finden Sie im Tierhandel keinen passenden Maulkorb, können Sie die Schnauze Ihres Hundes vermessen lassen und einen individuellen Maulkorb aus Kunststoff oder Leder anfertigen lassen.

4.4.4 Angemessener Umgang mit dem Jagdinstinkt

Deutsche Schäferhunde besitzen einen Jagdinstinkt, der durch die Erziehung in die richtigen Bahnen geleitet werden muss. Der natürliche Trieb, eine Beute zu jagen, kann durch das Anbieten eines alternativen Verhaltens leicht abgewöhnt werden.

Damit ein Antijagdtraining Erfolg hat, sollte Ihr Deutscher Schäferhund die Grundkommandos beherrschen und abrufbar sein. Verwenden Sie für das Training eine Schleppleine. Dadurch wird dem Hund ein Gefühl der Freiheit vermittelt, obwohl Sie die Kontrolle über sein Verhalten haben. Lassen Sie Ihren Hund voran laufen. Bevor sich die Leine vollständig spannt, rufen Sie den Hund zurück und belohnen ihn. Ignoriert der Deutsche Schäferhund das Kommando für den Rückruf, drehen Sie sich um und gehen Sie in die andere Richtung.

Achten Sie bei einem Spaziergang immer auf die Umgebung. Wenn Sie sehen, dass der Hund Witterung aufnimmt, rufen Sie ihn mit einem Markerwort zu sich und belohnen ihn.

Damit der Deutsche Schäferhund seinen angeborenen Jagdtrieb ausleben kann, können Sie ihm alternative Betätigungsfelder anbieten. Gut dafür geeignet sind Nasenarbeit oder Apportieren mit einem Futterdummy. Die gemeinsamen Jagdspiele verstärken außerdem die Bindung zwischen Ihnen und Ihrem Hund. Wenn Sie noch mehr gemeinsam machen wollen, können Sie auch einmal eine gemeinschaftliche Heulminute veranstalten.

Auch wenn der Deutsche Schäferhund ein Antijagdtraining absolviert hat, sollte der Hund nie in der Schonzeit ohne Leine durch ein Jagdrevier laufen. Achten Sie in der restlichen Zeit des Jahres darauf, dass Sie Ihren Hund auf einem Spaziergang immer im Blick haben und ihn jederzeit abrufen können. Eine Schleppleine bietet dem Hund ausreichend Freiheit zum Stöbern und Schnüffeln. Der Vierbeiner muss nicht überall ohne Leine unterwegs sein.

4.5 Das richtige Korrigieren

Der Großteil der Erziehung erfolgt durch positive Verstärkung über Lob und eine Belohnung. Trotzdem ist es manchmal notwendig, in ein Verhalten des Hundes korrigierend einzugreifen. Korrigieren kann durch das Anbieten eines alternativen Verhaltens, durch das Ignorieren des Fehlverhaltens oder durch eine Strafe erfolgen. Die Bestrafung darf aber nie in körperlicher Gewalt bestehen. Schläge, Anschreien und ein Bedrohen des Hundes mit Gegenständen sind Tierquälerei und haben in einer verantwortungsvollen Hundeerziehung nichts zu suchen.

Wie sieht eine Strafe dann aus? Ein Beispiel dafür: Der Deutsche Schäferhund spielt zu wild. Er steigert sich in das Spiel hinein und achtet in seiner Erregung nicht mehr auf die Mitspieler und die Umwelt. Beenden Sie das Spiel einfach. Sie stehen dem Hund nicht mehr als Spielpartner zur Verfügung. Da der Hund weiter spielen will, wird er sich beruhigen. Sie entscheiden, wann das Spiel wieder aufgenommen wird.

Die Strafe besteht darin, ein für den Hund lustvolles Verhalten zu beenden und erst wieder aufzunehmen, wenn das Fehlverhalten nicht mehr ausgeübt wird.

Hunde sind generell bestechliche Wesen, die auf Ihren Vorteil bedacht sind. Führt ein Verhalten nicht zu einem Erfolg, wird es von den Hunden als Verschwendung von Zeit und Energie betrachtet und es wird nicht mehr ausgeübt. Ihr Deutscher Schäferhund zeigt ein unerwünschtes Verhalten? Sie drehen sich weg und beachten den Hund nicht weiter. Er erhält nicht nur keine Belohnung, er wird sogar ignoriert. Das bringt für den Hund keine Vorteile. Gleichzeitig sollten Sie immer das erwünschte gegenteilige Verhalten durch eine Belohnung verstärken. Natürlich wird sich der intelligente Deutsche Schäferhund schnell für das Verhalten entscheiden, das ihm eine schmackhafte Belohnung oder ein lustiges Spiel einbringt.

Korrekturen sind bei jeder Erziehung notwendig. Sie müssen konsequent, aber immer liebevoll erfolgen, damit das Vertrauen des Hundes in seine Bezugsperson nicht erschüttert wird.

4.6 Förderung und Training des Hundes

Das Wesen des Deutschen Schäferhundes muss durch Regeln und ein passendes Training gefordert werden. Der Deutsche Schäferhund ist ein sehr lernfähiger Hund, der gerne arbeitet und eine Leistung erbringt. Nur durch das richtige Training wird der Hund körperlich und geistig ausgelastet und kann ein glückliches Hundeleben führen.

Für das Training sind nicht immer aufwendige Vorbereitung und teure Utensilien notwendig. Die meisten Dinge, die Sie für das Training benötigen, finden Sie im Haushalt und in der Natur.

Balance-Training

Für die Bewegungen des Deutschen Schäferhundes ist ein gutes Gleichgewicht sehr wichtig. Vor allem bei älteren Hunden ist der Gleichgewichtssinn durch Verkalkungen im Innenohr häufig beeinträchtigt. Damit sich Ihr Deutscher Schäferhund auch im hohen Alter noch problemlos bewegen kann, ist es wichtig, schon früh mit einem Training der Balance zu beginnen.

Schwierigkeitsgrad: 1–3
Zeitaufwand: 10 Minuten bis 30 Minuten
Ausstattung: Baumstümpfe, starke Äste, Schaukeln
Ziel: Der Gleichgewichtssinn soll gefördert werden.
Vorbereitung: nicht erforderlich
Voraussetzung: Übungen bauen auf ein Grundtraining auf.

Beginnen Sie mit einem einfachen Training. Fordern Sie Ihren Deutschen Schäferhund dazu auf, auf einen Baumstumpf mit einer breiten Oberfläche zu springen. Geben Sie mehrmals die Kommandos für Spring. Ihr Hund soll sich auf den Baumstumpf setzen oder auch eine Pfote anheben.

Für das weitere Training suchen Sie einen dicken Ast, der auf dem Boden liegt. Der Hund soll zuerst über den Ast springen. Anschließend kann er auch auf dem Ast entlang laufen. Dazu befehlen Sie Ihrem Hund, auf den Ast zu steigen. Geben Sie ihm ein Leckerli. Bewegen Sie das nächste Leckerli mit der Hand entlang des Astes. Der Hund wird der Hand folgen und über den Ast laufen. Besitzt Ihr Deutscher Schäferhund bereits einen guten Gleichgewichtssinn, können für das Training auch dünnere Äste genutzt werden. Diese müssen immer nur stark genug sein, das Körpergewicht des Hundes zu tragen.

Schaukeltraining: Diese Übung ist nur für fortgeschrittene Hunde geeignet. Wenn der Hund das erste Mal auf die Schaukel springt, sollten Sie diese festhalten. Steht der Hund auf der Schaukel, wird er gelobt und belohnt. Versetzen Sie die Schaukel in leichte Schwingungen. Ihr Hund muss versuchen, die Bewegungen der Schaukel durch die Verlagerung seines Körpergewichts auszugleichen. Belohnen Sie Ihren Hund immer wieder während der Übung.

Apportieren von Gegenständen aus dem Wasser

Bei Schwimmübungen sind die Meinungen der Deutschen Schäferhunde sehr gespalten. Einige Hunde spielen gerne im Wasser, andere sind wasserscheu und vermeiden das nasse Element. Hier sollten Sie sich nach den individuellen Vorlieben Ihres Hundes richten.

Grundsätzliches für das Spielen im Wasser: Sind am Uferrand grüne Ablagerungen vorhanden, sollten Sie das Wasser meiden. Bei den Ablagerungen auf den Steinen handelt es sich um Blaualgen, die für den Hund giftige Stoffe produzieren. Spiele im Wasser dürfen nie zu lange dauern. Beim Apportieren und Schwimmen schluckt der Hund Wasser. Die vermehrte Aufnahme von Wasser führt zu einer durch Kreislaufversagen tödlichen Wasservergiftung.

Schwierigkeitsgrad: 1–2

Zeitaufwand: 10 Minuten

Ausstattung: Wasser ohne Strömung, Schwimmspielzeug

Ziel: Vertiefung der Bindung

Vorbereitung: nicht erforderlich

Voraussetzung: Der Hund liebt Schwimmen im Wasser, er beherrscht Apportieren.

Werfen Sie ein Schwimmspielzeug in das Wasser und fordern Sie Ihren Hund dazu auf, das Spielzeug zurückzubringen. Übergibt er Ihnen das Schwimmspielzeug, erhält er eine Belohnung. Anstelle eines Schwimmspielzeugs können Sie natürlich auch einen Stock verwenden.

Erhöhung des Schwierigkeitsgrades: Das Training wird in einem Swimmingpool mit nicht gechlortem Wasser durchgeführt. Das Spielzeug schwimmt nicht an der Oberfläche, der Hund muss im Wasser danach tauchen. Deutsche Schäferhunde verhalten sich im Wasser sehr geschickt. Sie brauchen kaum Anleitung, um ein Spielzeug aus dem Wasser zu holen.

Belohnen Sie Ihren Hund nach erfolgreichem Abschluss der Übung.

Training mit einem Dummy

Apportieren von Futterdummys gehört zu beliebten Übungen, die schon mit Junghunden durchgeführt werden können.

Schwierigkeitsgrad: 2
Zeitaufwand: 10 Minuten
Ausstattung: Futterdummy, Leckerli, Schleppleine
Ziel: Verstärkung der Bindung, Training der Impulskontrolle
Vorbereitung: Das Dummy muss mit Futter gefüllt werden.
Voraussetzung: Der Hund beherrscht die Grundkommandos.

Das Futterdummy sollte mit einem Reißverschluss zu schließen sein, damit der Hund es nicht so leicht öffnen kann. Zeigen Sie dem angeleinten Hund das Dummy. Werfen Sie es anschließend ein bis zwei Schritte weit weg. Fordern Sie den Hund dazu auf, das Dummy aufzuheben und zurückzubringen. Mit jeder Trainingseinheit werfen Sie das Dummy etwas weiter weg. Zögert der Hund bei der Rückkehr, können Sie leichte Korrekturen über die Leine durchführen.

Ist Ihr Hund bereits Experte beim Apportieren, wird die Leine nicht mehr benötigt. Werfen Sie das Dummy. Der Hund muss hinlaufen, es aufheben und Ihnen übergeben. Ist Ihr Hund bereits auf einen Clicker konditioniert, können Sie jeden einzelnen Schritt mit einem Click belohnen. Nach der Übergabe öffnen Sie sofort das Dummy und lassen Ihren Hund daraus fressen.

Slalom laufen

Ein Slalomlauf trainiert die Muskulatur des Hundes und fördert auch spielerisch seine Beweglichkeit.

Schwierigkeitsgrad: 1
Zeitaufwand: 10 Minuten
Ausstattung: Slalomstangen oder andere Gegenstände für den Parcours

Ziel: Förderung von Beweglichkeit, Reaktionsfähigkeit und Geschwindigkeit

Vorbereitung: Aufbau des Parcours

Voraussetzung: Fitness

Stellen Sie für den Anfang nur drei Stangen oder andere Hindernisse auf. Nehmen Sie ein Leckerli in die Hand und halten Sie es dem Hund vor die Schnauze. Führen Sie Ihren Hund mit dem Leckerli durch den Slalomkurs. Am Ende darf er die Belohnung fressen. Nach einigen Durchgängen geben Sie am Anfang des Slaloms das Kommando Sitz. Gehen Sie an das andere Ende des Parcours und rufen Sie den Hund zu sich. Läuft er in der richtigen Reihenfolge durch die Stangen, erhält er eine Belohnung.

Um den Schwierigkeitsgrad zu erhöhen, können Sie den Parcours mit weiteren Stangen verlängern. Die verwendeten Stangen sollten elastisch sein, damit sich der Hund nicht bei der Berührung verletzt.

Tunneltraining

Ein Tunneltraining ist für den Hund nicht einfach durchzuführen, da er seinen Menschen nicht sehen kann. Das Training ist für Deutsche Schäferhunde besonders gut geeignet, da die Hunde selbstständig sind und gerne eigene Entscheidungen treffen.

Schwierigkeitsgrad: 3

Zeitaufwand: 10 Minuten

Ausstattung: Tunnel

Ziel: Förderung der Koordination der Bewegungen und des Problemlösungsverhaltens, Vertiefung der Beziehung zum Besitzer

Vorbereitung: Aufstellen des Tunnels

Voraussetzung: Der Hund sollte die Kommandos Sitz, Bleib und Komm beherrschen.

Setzen Sie den Hund an den Anfang des Tunnels. Gehen Sie zu dem anderen Ende und rufen Sie Ihren Hund durch den Tunnel zu sich. Läuft der Hund außen herum, erhält er keine Belohnung, sondern wird wieder an den Ausgangspunkt zurückgebracht.

Durch das Robben durch den Tunnel wird die Muskulatur des Hundes gestärkt. Er muss auf den Besitzer vertrauen, da er die Umgebung rund um den Tunnel vom Inneren aus nicht mehr sehen kann. Das Vertrauen in Sie wird gestärkt.

Bei einem trainierten Hund können Sie im Rahmen des Hundesports Hindernislauf und die Elemente Slalom und Tunnel mit weiteren Übungen verbinden.

Drehen von Flaschen

Schwierigkeitsgrad: 2
Zeitaufwand: 10 Minuten
Ausstattung: 2 Stangen, leere Plastikflaschen, Seil
Ziel: Förderung der geistigen Fähigkeiten und des Problemlösungsverhaltens
Vorbereitung: In die Flaschen werden auf unterschiedlicher Höhe zwei Löcher geschnitten. Die Flaschen werden durch das mittlere Loch mit einem Seil verbunden. Die obere Öffnung der Flasche wird durch Entfernung des Halses etwas erweitert. In der Flasche befinden sich ein Leckerli.
Voraussetzung: Neugier, Interesse an Intelligenzspielen

Befestigen Sie das Seil mit den Flaschen an den beiden Stangen. Zeigen Sie dem Hund durch Anstoßen der Flaschen, dass sich diese drehen lassen. Ihr Hund möchte das Leckerli bekommen. Er kann es nicht mit der Zunge oder der Pfote erreichen und muss also eine andere Lösung finden. Nach mehrmaligem Probieren wird er merken, dass das Leckerli beim Drehen der Flaschen herausfällt.

Das Futterkisten-Spiel

Schwierigkeitsgrad: 2
Zeitaufwand: 10 Minuten
Ausstattung: Kisten mit einem Deckel, der angehoben werden kann
Ziel: Förderung des Geruchssinnes und des Problemlösungsverhaltens
Vorbereitung: Die Kisten werden auf den Boden gestellt. Einige werden mit Leckerli gefüllt.
Voraussetzung: gut ausgebildete Nase und guter Geruchssinn

Stellen Sie die gefüllten und die leeren Kisten auf den Boden. Ihr Deutscher Schäferhund wird die Leckerli sofort riechen. Jetzt muss er nur noch herausfinden, wie er in das Innere der Kiste gelangen kann. Er wird mit der Schnauze und der Pfote versuchen, den Deckel anzuheben. Findet der Hund keine Lösung, können Sie Hilfestellung leisten. Heben Sie den Deckel einer Kiste leicht an. Der Hund wird diese Handlung nachmachen. Er darf die Leckerli in der geöffneten Kiste fressen.

4.7 Clickertraining für Hunde

Clickertraining für Hunde ist eine moderne Erziehungsform, die auf der positiven Verstärkung beruht. Der Deutsche Schäferhund ist für das Clickertraining besonders gut geeignet, da er sehr neugierig und intelligent ist und gerne neue Tricks lernt und ausführt.

Sicher ist Ihnen das Grundprinzip, auf dem ein Clicker beruht bekannt: die Konditionierung. Einfach lässt sich das über den bekannten Pawlowschen Reflex erklären. Bei dem Versuch wurde während der Fütterung der Hunde eine Glocke geläutet. Nach einiger Zeit verknüpften die Hunde den Glockenton mit dem Futter. Sie begannen, beim Läuten der Glocke Speichel zu produzieren, obwohl noch kein Futter in der Nähe war. Der Clicker beruht genau auf dieser Vorgangsweise. Bei der Konditionierung wird das Geräusch des Clickers mit Futter verbunden. Der Hund betrachtet später den Clicker als Versprechen, kurz darauf eine Belohnung zu erhalten.

Welches Futter kann für die Konditionierung auf den Clicker verwendet werden?

Gut geeignet sind kleine Stücke von magerem Fleisch oder Käse. Sie können aber auch fertige Trainings-Leckerli aus dem Tierhandel verwenden.

Ist der Hund auf den Clicker konditioniert, bilden sich Gehirn-Verknüpfungen, die eine angenehme Verbindung zwischen dem Ton und dem Futter herstellen. Der Click stellt für den Hund ebenso eine Belohnung dar wie die direkte Gabe eines Leckerlis.

Warum ist der Clicker beim Training so wichtig?

Bei einigen Übungen befindet sich der Hund nicht in der Nähe des Besitzers, sondern einige Meter weit entfernt. Da nur eine kurze Zeitspanne, maximal zwei Sekunden, besteht, um den Hund zu belohnen und eine Verknüpfung zwischen der Belohnung und seinem Verhalten herzustellen, benötigen Sie eine Belohnung, die auch auf weite Entfernungen funktioniert. Das bietet der Clicker. Das Leckerli erhält der Hund, wenn er sich wieder in Ihrer Nähe aufhält.

4.7.1 Clicker-Grundlagen

Um mit dem Clicker Erfolg zu haben, muss eine gute Konditionierung durchgeführt werden. Für die Konditionierung des Deutschen Schäferhundes werden zwei Personen benötigt. Eine Person hält den Clicker, die andere ist für die Leckerli zuständig. Im ersten Schritt koordinieren die beiden Personen Ihre Handlungen. Am einfachsten funktioniert das mit einem Tennisball, der auf den Boden geworfen wird. Erreicht der Ball den Boden, clickt die andere Person. So bekommen beide ein Zeitgefühl für den Clicker und können mit dem Training des Hundes beginnen.

Bei der Konditionierung steht der Deutsche Schäferhund zwischen den beiden Personen. Wahrscheinlich ist sein Blick auf die Leckerli gerichtet. Bei jedem Click erhält der Hund ein Stück Futter. Die Übung kann fünf bis zehn Minuten lang durchgeführt werden. Dann benötigt der Hund eine Pause. Als Abschluss erhält er einen sogenannten Jackpot: Mehrere Leckerli werden für ihn, ohne dass er eine Gegenleistung dafür erbringen muss, auf den Boden gelegt.

Die Konditionierung dauert von wenigen Tagen bis zu mehreren Wochen. Hier bestehen große individuelle Unterschiede zwischen den einzelnen Deutschen Schäferhunden. Üben Sie keinen Druck auf den Hund aus. Wenn der Vierbeiner einmal einen schlechten Tag hat, brechen Sie das Training ab und machen am nächsten Tag weiter. Nur so können Sie sicher sein, dass Ihr Hund auch Spaß am gemeinsamen Training hat.

Bevor Sie mit dem Einsatz des Clickers bei den ersten Spielen oder Übungen beginnen, sollten Sie überprüfen, ob die Konditionierung bereits abgeschlossen ist.

Das erreichen Sie folgendermaßen: Ihr Deutscher Schäferhund ist damit beschäftigt, zu schnüffeln, oder liegt in seinem Körbchen. Clicken Sie. Schaut der Hund sofort zu Ihnen, hat er die Wirkung des Clickers verstanden. Bei einer weiteren Übung für die Konditionierung werden Sie bemerken, dass die Augen des Hundes nicht mehr auf die Leckerli, sondern auf den Clicker gerichtet sind. Er wartet richtig auf den nächsten Click.

Können auch Welpen konditioniert werden?

Natürlich ist ein erstes Clickertraining auch mit einem Welpen möglich. Es sollte aber spielerisch erfolgen. Die Welpen haben nur eine kurze Aufmerksamkeitsspanne von wenigen Sekunden. Die Übung einer Konditionierung darf daher maximal vier bis fünf Sekunden dauern. Dann benötigt der Welpe eine Pause mit Streicheleinheiten und Spielen.

Die Konditionierung ist abgeschlossen. Fein. Dann können Sie mit den ersten einfachen Spielen beginnen.

4.7.2 Spiele mit dem Clicker

Der Clicker ermöglicht es, dem Hund verschiedene Tricks beizubringen und Intelligenzspiele schneller zu lernen.

Das Touch-Spiel

Touch ist einer der bekanntesten Befehle, der über einen Clicker erlernt wird.

Schwierigkeitsgrad: 2
Zeitaufwand: 10 Minuten
Ausstattung: Karton mit einem aufgemalten farbigen Punkt
Ziel: Förderung der Konzentration
Vorbereitung: keine
Voraussetzung: Konditionierung auf einen Clicker

Bei diesem Spiel setzen Sie auf die natürliche Neugierde des Deutschen Schäferhundes. Legen Sie den Karton mit dem farbigen Kreis auf den Boden. Legen Sie in das Zentrum des Kreises ein Leckerli. Wenn der Hund mit der Nase oder der Pfote den markierten Kreis berührt, clicken Sie sofort. Haben Sie das einige Male durchgeführt, wird der Hund auch ohne Leckerli den Kreis berühren, um seine Belohnung, den Click, zu erhalten.

Sagen Sie immer, wenn der Hund den Kreis berührt, gleichzeitig mit dem Click Touch. Dadurch kann der Hund auch das Wortkommando mit der Handlung verbinden.

Steigern Sie jetzt den Schwierigkeitsgrad der Übung: Legen Sie den Karton auf einen niedrigen Tisch oder eine Kiste. Geben Sie das Kommando Touch. Berührt der Hund den Kreis, clicken Sie.

Vergessen Sie nie, den Hund zwischendurch mit einem Leckerli zu belohnen. Der Click ist ein Versprechen, das unbedingt eingehalten werden muss.

Beherrscht der Hund das Spiel und drückt automatisch bei dem Befehl Touch immer auf den roten Kreis? Dann ist es an der Zeit, den Schwierigkeitsgrad des Spiels noch weiter zu erhöhen.

Befestigen Sie den Karton mit dem markierten Kreis an der Wand. Zuerst sollte er sich in einer Höhe befinden, die von Ihrem Hund bequem erreicht werden kann. Hängen Sie den Karton immer hoher, bis sich der Deutsche Schäferhund auf die Hinterbeine stellen muss, um den Kreis zu erreichen.

Jetzt verwenden Sie das Spiel für etwas Nützliches. Befestigen Sie den Karton über einem Lichtschalter. Berührt der Hund den Kreis und damit den Lichtschalter, schalten sich die Lampen ein oder aus. Damit der Hund ein Gefühl für die Stärke des Drucks, den er ausüben muss, bekommt, können Sie zuerst auch mit dem Schalter einer Stehlampe arbeiten.

Ihr Deutscher Schäferhund hat jetzt seinen ersten Trick mit einem Spiel gelernt.

Das Reifen-Ball-Spiel

Schwierigkeitsgrad: 2

Zeitaufwand: 10 Minuten

Ausstattung: großer Reifen, großer Ball, der mit der Pfote oder Schnauze bewegt werden kann

Ziel: Förderung der Konzentration und des Problemlösungsverhaltens

Vorbereitung: keine

Voraussetzung: Konditionierung auf einen Clicker

Um dieses Spiel ausführen zu können, muss der Deutsche Schäferhund mehrere Einzelschritte erlernen.

Legen Sie den Ball auf den Boden. Berührt der Hund den Ball mit der Pfote oder Schnauze, clicken Sie. Nach einiger Zeit erfolgt kein Click mehr, wenn der Hund den Ball nur berührt. Ihr Hund wird am Anfang etwas verwirrt sein, aber schnell etwas Neues ausprobieren. Stupst er den Ball zufällig an und verursacht dadurch eine Bewegung des Balls, clicken Sie. Verbinden Sie den Click mit einem Wortbefehl, zum Beispiel: Roll.

Jetzt wird auch der Reifen in das Spiel integriert. Wenn der Hund den Ball bewegt, halten Sie den Reifen so, dass der Ball durchrollt. Clicken Sie. Bei der nächsten Übung warten Sie, bis der Hund von sich aus den Ball in die Richtung des Reifens bewegt. Click. Rollt der Ball zufällig durch den Reifen, clicken Sie. Ab diesem Zeitpunkt clicken Sie nur mehr, wenn der Hund bei dem Kommando Roll den Ball durch den Reifen rollt.

Führen Sie die einzelnen Teilschritte nicht zu schnell hintereinander aus, damit der Hund nicht verwirrt wird. Lassen Sie Ihrem Vierbeiner Zeit. Der nächste Schritt darf immer erst dann geübt werden, wenn der Hund den vorherigen Schritt vollständig beherrscht.

4.7.3 Training mit dem Clicker

Mithilfe vom Clicker können viele Kommandos trainiert werden. Ein gutes Beispiel dafür ist das Kommando Bei Fuß.

Bei Fuß

Das Training beginnt mit einem Target-Stab, der auf dem Boden liegt. Neugierig berührt der Hund den Stab mit der Pfote oder Schnauze. Click. Nach einiger Zeit clicken Sie nur mehr, wenn Ihr Hund die rote Markierung des Stabs berührt. Sie können die Berührung mit dem Befehl Touch verbinden.

Jetzt kommt der nächste Schritt. Sie nehmen den Target-Stab in die Hand und halten ihn so, dass die rote Markierung nach unten zeigt. Halten Sie den Target-Stab immer parallel zu Ihrem Bein. Rufen Sie den Hund zu sich. Er steht neben Ihnen und bemerkt den Target-Stab. Natürlich will er seinen Click erhalten. Also berührt er die rote Markierung des Stabes. Click.

Führen Sie diese Übung über mehrere Tage durch. Machen Sie jetzt die ersten Schritte. Der Hund soll an Ihrer Seite gehen. Eine Leine wird dafür nicht benötigt, da die ersten Übungen in der Wohnung durchgeführt werden können. Jedes Mal, wenn der Hund die rote Markierung berührt, clicken Sie und sagen Sie Bei Fuß.

Jetzt verändern Sie die Reihenfolgen. Sagen Sie Bei Fuß und warten Sie, bis Ihr Hund neben Ihnen steht. Click. Sagen Sie wieder bei Fuß und gehen Sie dabei einige Schritte. Bewegt sich der Hund weiter an Ihrer Seite, clicken Sie und geben Sie ihm eine Belohnung.

Beherrscht Ihr Deutscher Schäferhund das Kommando Bei Fuß, können Sie das Training ins Freie verlagern. Hier ist der Hund zusätzlichen Ablenkungen ausgesetzt und muss sich noch besser auf Sie und Ihre Kommandos konzentrieren. Nutzen Sie nie den ganzen Spaziergang für das Training. Trainieren Sie fünf bis zehn Minuten, dann hat der Hund

Freizeit und darf nach Belieben schnüffeln und einfach seinen Bedürfnissen als Hund nachgehen.

Mit dem Clicker können Sie bei dem Training von jedem Kommando eine positive Verstärkung setzen und den Lernerfolg schneller erreichen.

4.7.4 Typische Anfängerfehler mit dem Clicker

Sie haben für das Clickertraining keinen Kurs in einer Hundeschule besucht, sondern sich das Wissen aus Büchern angeeignet? Das ist kein Problem. Sie sollten aber darauf achten, dass Sie keine typischen Anfängerfehler begehen:

- Die Konditionierung wird zu früh abgebrochen.
- Der Hund erhält bei der Konditionierung die Belohnung zu spät.
- Die einzelnen Übungen dauern zu lange.
- Komplizierte Übungen werden nicht in Teilschritte zerlegt.
- Die Belohnung bei der Konditionierung ist für den Hund nicht geeignet.
- Die Übungen werden nicht oft genug wiederholt.
- Bei dem Training ist der Hund überfordert und gestresst, Lernen ist nicht möglich.
- Der Hund wird während des Trainings abgelenkt.
- Der Clicker ist zu laut.

4.7.5 Für wen ist der Clicker nicht geeignet?

Der Clicker ist nicht geeignet für das Training von gehörlosen Hunden. Bei Welpen kann der Clicker nicht lange eingesetzt werden, da sie sich nur kurz konzentrieren können.

Bevor Sie mit der Konditionierung auf den Clicker beginnen, sollten Sie überprüfen, wie das Geräusch auf Ihren Hund wirkt. Erschrickt er vielleicht und zeigt Calming Signals? Dann ist er für das Clickertraining ebenfalls nicht geeignet.

5 Die Lebensphasen des Hundes beachten

Während seines Lebens durchläuft der Deutsche Schäferhund verschiedene Phasen: Der Welpe wird zum Junghund, zum erwachsenen Hund und schließlich zum Senior. Die Erziehung Ihres Hundes muss immer an die jeweilige Lebensphase angepasst werden.

Die vegetative Phase

Die vegetative Phase ist unmittelbar nach der Geburt. Die Augen und Ohren des Welpen sind noch geschlossen. Der kleine Hund kann seine Temperatur noch nicht selbst regulieren. Über den Geruchssinn und Tastsensoren findet er zu den Zitzen der Mutterhündin und wird von ihr auch gewärmt. Er ist vollständig von seiner Mutter abhängig. Über den Körperkontakt mit der Mutter beginnen die Welpen, Anfänge eines emotionalen Empfindens zu entwickeln.

Die Übergangsphase in der dritten Woche nach der Geburt

Die Ohren und die Augen des Welpen öffnen sich. Er kann seine Umwelt besser wahrnehmen. Die ersten Zähne brechen durch. Der Welpe beginnt, durch Kriechen seine Muskulatur aufzubauen und die Funktion der Muskeln zu schulen. Durch Kontakt mit der Mutter, den Geschwistern und Menschen beginnt die Sozialisierung.

Die Phase der Sozialisation

In der vierten bis sechzehnten Lebenswoche lernt der Welpe seine Umwelt durch Geborgenheitsreize positiv kennen. Durch die Prägung wird die Basis für seinen Charakter gelegt. Ab der siebten Woche setzt sich bei dem Welpen die Neugierde durch. Ohne Angst untersucht er auch die Umgebung, die von seiner Mutter etwas weiter entfernt ist. Er lernt, selbstständiger zu werden. Die Mutterhündin bringt ihm die Grundlagen der Hundesprache und den Respekt vor Ranghöheren bei. In dieser Phase kann der Züchter bereits spielerisch mit dem ersten Training beginnen. Die Hunde lernen, mit dem Auto zu fahren, einen Lift zu benutzen oder auf andere Eindrücke in der Umgebung zu reagieren.

Die juvenile Phase

In dieser Phase ist der Welpe bereits in sein neues Zuhause eingezogen. Zuerst muss er sich in der neuen Umgebung eingewöhnen. Dann können Sie schon damit beginnen, erste Kommandos wie Sitz oder Platz zu üben. Die Stubenreinheit wird trainiert und der Welpe lernt, problemlos an der Leine zu laufen. In dieser Phase ist auch der richtige Zeitpunkt, die Beziehung zu dem Welpen aufzubauen und eine gute Vertrauensbasis zu schaffen. Bei der Erziehung des Welpen muss vor allem auf seine kurze Aufmerksamkeitsspanne Rücksicht genommen werden. Die Übungen dürfen nicht zu lange dauern. Das Leben ist für den Welpen noch ein Spiel.

Die Pubertät

Der Geschlechtstrieb des Hundes erwacht. In seinem Körper findet eine Hormonumstellung statt. Während dieser Phase reagiert der Deutsche Schäferhund nicht mehr ausgeglichen. Er kann sich nur mehr schwer konzentrieren. Bereits bekannte Befehle werden einfach nicht mehr befolgt. Außerdem beginnt der Hund, seine Grenzen auszutesten und zu versuchen, die Rangordnung zu verändern. In dieser Phase muss die Erziehung besonders konsequent, geduldig und liebevoll erfolgen. Überfordern Sie Ihren Hund nicht, sondern lassen Sie ihm Zeit, sich an seinen Körper und die neuen Empfindungen zu gewöhnen. Wiederholen Sie beim Training einfach die Übungen häufiger.

Der erwachsene Hund

Alle Grundkommandos sind dem Hund bereits bekannt. Auf der Basiserziehung kann jetzt weiter aufgebaut werden. Der Deutsche Schäferhund muss geistig und körperlich beschäftigt werden. Er ist neugierig und lernt gerne neue Tricks. Jetzt können Sie die gemeinsame Zeit mit Spielen und anderen Unternehmungen genießen.

Der Seniorhund

Der Deutsche Schäferhund befindet sich jetzt in seinem letzten Lebensabschnitt. Seine Sinne beginnen, nachzulassen, und auch das Gehirn ist nicht mehr so leistungsfähig wie früher. Trotzdem spielt und lernt der Hund immer noch gerne. Er begleitet Sie auch noch gerne auf allen Unternehmungen. Die Spiele müssen nur an den individuellen gesundheitlichen Zustand des Hundes angepasst werden. Begleiten Sie Ihren Hund immer bis zur letzten Stunde. Auch als Senior bringt er Ihnen viel Liebe entgegen und bereichert Ihr Leben.

6 Erstaunliches aus der Welt der Deutschen Schäferhunde

Die Deutschen Schäferhunde sind nicht nur pflichtbewusst. Sie sind mit Ihrer Intelligenz die Stars unter den Hunderassen. Aufgrund von ihrer schnellen Auffassungsgabe und ihrer Bereitschaft, dem Menschen zu gefallen, werden die Hunde gerne als Schauspieler auf Filmsets eingesetzt.

Denken Sie nur an „Kommissar Rex" oder „Rin tin tin". In dem Film „Mein Partner mit der kalten Schnauze" klärt der Deutsche Schäferhund Dooley verschiedene knifflige Kriminalfälle auf. In „War Dog" ist der Deutsche Schäferhund Prinz Teil einer russischen Hundestaffel und erbringt außerordentliche Leistungen.

Auch auf YouTube und TikTok sind die Deutschen Schäferhunde mit ihren Kunststücken stark vertreten.

Es ist eben kaum eine andere Hunderasse so gelehrig und intelligent wie der Deutsche Schäferhund.

Aus der Geschichte ist auch der Hund Blondi, der der Begleiter von Adolf Hitler war, bekannt. Hitler wurde auch auf einigen Bildern mit seinem Deutschen Schäferhund abgebildet.

7 Schlusswort

Jetzt sind Sie am Ende des Buches über den Deutschen Schäferhund angelangt. Sie haben sich ein umfangreiches Wissen über die Haltung und die Erziehung des Deutschen Schäferhundes angeeignet. Eigentlich können Sie sich schon als einen Experten bzw. eine Expertin für die Hunderasse betrachten.

Ich bedanke mich bei Ihnen noch einmal für den Kauf des Buches und wünsche Ihnen ein glückliches und erfülltes Leben mit Ihrem Deutschen Schäferhund.

Lassen Sie doch auch Ihre Freunde an dem Buch teilhaben. Schenken Sie es zu besonderen Anlässen. Vielleicht können Sie einen weiteren Menschen für den Deutschen Schäferhund als Familienmitglied begeistern.

Liebe Leserin, lieber Leser,

hat Ihnen dieses Buch gefallen? Wir freuen uns über Ihre Verbesserungsvorschläge, Kritik und Fragen zum Buch.

Die Meinung und Zufriedenheit unserer Leserinnen und Leser ist uns sehr wichtig.

Kontaktieren Sie uns deshalb gerne und schreiben uns eine E-Mail an ***feedback@eulogiaverlag.de***

Wir freuen uns auf Ihre Nachricht.

Herzlichst

Ihr Eulogia Verlags Team

Originale Erstauflage

Lektorat: Matthias Kramer
Druck/Auslieferung: WirmachenDruck

Impressum:
Eulogia Verlags GmbH
Gänsemarkt 43
20354 Hamburg
Deutschland

ISBN: 978-3-96967-177-1

Wir wünschen viel Vergnügen beim Lesen!